MUKHABBAT KHATAMOVA
SHUKHRAT KHATAMOV
BEKHRUZJON OMANOV

PROPRIEDADES QUÍMICAS E IMPORTÂNCIA INDUSTRIAL DA ACETONA

MUKHABBAT KHATAMOVA
SHUKHRAT KHATAMOV
BEKHRUZJON OMANOV

PROPRIEDADES QUÍMICAS E IMPORTÂNCIA INDUSTRIAL DA ACETONA

ScienciaScripts

Imprint

Cover image: www.ingimage.com

This book is a translation from the original published under ISBN 978-620-8-01037-9.

Publisher:
Sciencia Scripts
is a trademark of
Dodo Books Indian Ocean Ltd. and OmniScriptum S.R.L publishing group

120 High Road, East Finchley, London, N2 9ED, United Kingdom
Str. Armeneasca 28/1, office 1, Chisinau MD-2012, Republic of Moldova, Europe
Printed at: see last page
ISBN: 978-620-8-12548-6

2024

M.S. Khatamova,
Sh.O. Khatamov,
B.Sh. Omanov

Esta monografia oferece uma análise aprofundada da química e das aplicações industriais da acetona e dos seus derivados, posicionando-se como um recurso crucial tanto para os profissionais da área como para os estudantes de química. O trabalho começa com uma exploração do mercado global de acetona, detalhando os principais produtores e traçando o desenvolvimento histórico da acetona. Fornece uma análise abrangente de vários métodos de produção, incluindo a extração de acetona a partir de acetato de cálcio, a produção através de ácido acético, o processo de fermentação acetona-butanol-etanol (ABE) e a síntese a partir de acetileno. A hidratação do acetileno, o processo do cumeno, os métodos industriais que envolvem benzeno e dióxido de carbono, a extração do isopropanol e a reação de Kovalevsky são também meticulosamente abordados.

A monografia aprofunda depois as propriedades químicas da acetona, com especial ênfase na reatividade do grupo carbonilo. Examina as interações da acetona com ácidos, álcalis e acetileno, bem como a sua redução utilizando amálgama de magnésio ou zinco. O texto explora ainda reacções que envolvem peróxido de hidrogénio, fósforo, halogenetos de enxofre e fenol, além de reacções de condensação e a formação de iodofórmio. As utilizações industriais e laboratoriais da acetona são discutidas, juntamente com descrições detalhadas das técnicas de produção e purificação.

Além disso, a monografia aborda a síntese da acetona, incluindo vários métodos laboratoriais, e descreve as precauções de segurança essenciais para o seu armazenamento e utilização. A aplicação da acetona nas indústrias de tintas e borracha é analisada, com atenção específica às práticas de armazenamento seguro e aos requisitos de segurança do local de trabalho e do equipamento.

De um modo geral, esta monografia constitui um guia completo para a química da acetona, oferecendo informações valiosas sobre a sua produção, propriedades e aplicações em contextos industriais e académicos.

Revisores:

Instituto Pedagógico Estatal de Navoi, professor do Departamento de Química,
D.Sc. Ahadov M.Sh.
Universidade Estatal de Minas e Tecnologia de Navoi
Professor do departamento de "Tecnologia Química", doutorado Vapayev Kh.

INTRODUÇÃO

Atualmente, não há nenhum sector da economia nacional que não seja afetado pelos produtos da indústria de síntese de substâncias orgânicas. O desenvolvimento da indústria de síntese de matérias orgânicas tem consequências significativas na manutenção da biosfera terrestre e no estabelecimento e reforço da sua interação com o ambiente natural circundante. A produção de acetona à escala global desempenha um papel importante numa série de sectores industriais, incluindo a indústria química, farmacêutica e muitos outros. A importância da produção de acetona e das suas aplicações pode ser elucidada pelos seguintes factores:

A acetona desempenha um papel importante na produção de plásticos de acrilonitrilo-butadieno-estireno (ABS), que são polímeros e plásticos sintéticos. Além disso, é utilizada como solvente para numerosas substâncias orgânicas, incluindo óleos, vernizes, tintas e outros produtos químicos. Este facto é importante para a produção de tintas, vernizes e outros produtos industriais.

Além disso, os esteróides são utilizados na síntese de produtos farmacêuticos, incluindo antibióticos, que são utilizados na síntese de outras substâncias medicamentosas importantes.

As principais matérias-primas utilizadas no fabrico de compostos e produtos químicos são derivadas de sínteses químicas. Por exemplo, é utilizada no fabrico de outros compostos pertencentes à classe das cetonas.

- A acetona é utilizada como catalisador em certas sínteses químicas;

- É utilizado em numerosos testes e experiências no âmbito da investigação laboratorial;

- Oferece vantagens económicas à escala industrial e o processo da sua produção é economicamente rentável.

A implementação de novas tecnologias e inovações na produção de acetona resultou numa maior eficiência e na redução de custos no sector industrial. A título de exemplo, tecnologias como o processo do cumeno ou a desidrogenação do isopropanol facilitaram a expansão da produção de acetona e das cadeias de abastecimento, a fim de satisfazer a procura do mercado mundial. É pertinente considerar a coordenação da oferta e da procura através de mercados mútuos e de uma rede global.

Na nossa república, é dada especial ênfase à utilização racional dos recursos naturais, ao desenvolvimento de tecnologias que poupem recursos e energia e que não produzam resíduos.

A emergência de certos desafios económicos na produção dos países da Commonwealth levou a um aumento do custo e da escassez de matérias-primas importadas, o que começou a exercer um impacto negativo no crescimento acelerado da nossa indústria química.

A necessidade anual de acetona na nossa república é de 10.000 toneladas, enquanto a procura de cloreto de polivinilo é de 25.000-30.000 toneladas e a de fibras sintéticas é de 15.000 toneladas.

Nos países desenvolvidos, a acetona é atualmente produzida principalmente através da desidrogenação oxidativa do álcool isopropílico, do método do cumeno e da oxidação do propileno. Nos países da CEI, a acetona não é formada pela oxidação do propileno. A produção de acetona através da desidrogenação do álcool isopropílico na fase de vapor implica a passagem de uma mistura de álcool e vapor de ar através de um catalisador metálico a temperaturas elevadas.

O processo foi objeto de um exame rigoroso por parte de vários investigadores e foi implementado com êxito na produção. Um dos métodos mais prometedores para a produção de acetona é o método do cumeno. Os principais produtos deste processo são o fenol e a acetona. Embora a desidrogenação oxidativa e o método cumeno para a obtenção de acetona tenham sido objeto de um estudo aprofundado, a falta de uma matéria-prima de base representa um obstáculo significativo à sua adoção generalizada no sector industrial.

A presente monografia destina-se a cumprir as tarefas definidas pelo Presidente da República do Usbequistão nas decisões PQ-916, de 15 de julho de 2008, intitulada "Sobre medidas adicionais para promover a aplicação de projectos e tecnologias inovadores à produção", e PQ-1442, de 15 de dezembro de 2010, intitulada "Sobre os pilares do desenvolvimento industrial da República do Usbequistão em 2011-2015".

A monografia apresenta a acetona, a sua extração, propriedades químicas e produção, bem como os métodos de obtenção da acetona por desidrogenação oxidativa do álcool isopropílico, o método do cumeno e a oxidação do propileno. Inclui também uma descrição da produção de acetona na nossa República, Navoiyazot JSC, e da sua tecnologia.

CAPÍTULO I. MÉTODOS DE DESCOBERTA E AQUISIÇÃO DE ACETONA

1.1. Mercado mundial de acetona

A capacidade de produção mundial de acetona é atualmente de 6,5 milhões de toneladas. A produção de acetona está concentrada na América do Norte, na Ásia-Pacífico e na Europa Ocidental, que representam 31%, 30% e 27% da capacidade mundial, respetivamente. No seu conjunto, estas regiões representam 89,4% da produção mundial de acetona.

O consumo mundial de acetona foi de 5,8 milhões de toneladas em 2007, com uma taxa de crescimento média de 6,5% no período 2005-2007. O maior mercado da acetona é o da cianoidrina, um produto intermédio na síntese do metacrilato de metilo (MMA) e do ácido metacrílico. A quase totalidade do MMA é utilizada na produção de polimetacrilato de metilo (PMMA), que é utilizado no fabrico de produtos como janelas, tectos transparentes, dispositivos de iluminação, na indústria automóvel, etc. Os metacrilatos são também utilizados na produção de revestimentos de látex. Embora se espere que a procura de metacrilato de metilo e a sua produção cresçam a um bom ritmo nos próximos anos (3-5% por ano), a procura de acetona neste segmento crescerá a um ritmo mais lento. Este facto deve-se ao desenvolvimento de processos alternativos de produção de MMA que não utilizam acetona. Em especial, a nova fábrica de acetona de 120 000 toneladas por ano da Lucite Internationals em Singapura, que foi concluída no final de 2007, utiliza etileno, metanol e dióxido de carbono como matérias-primas.

A Degussa está a planear utilizar o processo C_4 baseado no isobutileno na sua fábrica de Xangai, com uma capacidade de 100 000 toneladas por ano (o início da produção está previsto para 2008). O segundo segmento importante do mercado da acetona é a produção de bisfenol A. Tal como mencionado no capítulo sobre o mercado global do fenol, a procura de bisfenol A no mercado global crescerá em média 5-6% por ano nos próximos anos, o que conduzirá a um aumento do consumo de acetona nesta área.

Outros segmentos do mercado da acetona incluem a sua utilização em solventes, cujo crescimento não excederá 1% por ano. A procura de acetona por parte dos produtores de aldeídos crescerá 3% nos próximos anos.

Cerca de 90% da acetona é produzida pelo processo cumeno, que produz 0,62 toneladas de acetona a partir de 1 tonelada de fenol. A dinâmica dos volumes de produção de acetona dependerá, por conseguinte, diretamente da situação do mercado do fenol. Prevê-se que cerca de 2 milhões de toneladas de novas capacidades de produção de fenol entrem em funcionamento nos próximos cinco anos, impulsionadas por boas taxas de crescimento da procura deste produto. Ao mesmo tempo, a procura de acetona crescerá mais lentamente do que a procura de fenol, pelo que é provável que se verifique uma sobreprodução de acetona. No entanto, muitos analistas não excluem a possibilidade de um equilíbrio do mercado da acetona devido a uma diminuição dos seus volumes de produção a partir do isopropanol, que é mais caro.

O mercado da acetona desenvolver-se-á de forma diferente nas diferentes regiões do mundo. Por exemplo, os preços elevados das matérias-primas e as baixas taxas de crescimento da procura serão os factores limitantes da produção europeia de acetona. Nesta região, a taxa de crescimento da procura de acetona será de 2-3% no período 2008-2012. Os principais motores do desenvolvimento do mercado serão o bisfenol A e o metacrilato de metilo, onde se esperam as taxas de crescimento mais elevadas - cerca de 5% por ano. Ao mesmo tempo, o crescimento no segmento dos solventes não excederá 1% por ano. É de notar que o crescimento da procura não cobrirá o aumento da capacidade na região: os principais produtores, como a Ineos Phenol, a Ertisa e a Borealis, estão a trabalhar em aumentos de capacidade, mas as datas de conclusão estão a ser adiadas. Ao mesmo tempo, a BP já encerrou a sua produção de acetona no Reino Unido (Hull), com uma capacidade de 70 000 toneladas por ano, que se baseava na tecnologia de transformação do isopropanol. Nos EUA, prevê-se que a procura de acetona cresça 2,9% por ano até 2010. A última nova capacidade a entrar em funcionamento nesta região foi em 2005, quando a fábrica da Ineos de 25.000 toneladas no Alabama entrou em funcionamento. Não se prevê a entrada em funcionamento de novas capacidades nos próximos anos. Após uma certa escassez de acetona no mercado dos EUA em 2007, causada pelo encerramento natural de uma série de grandes fábricas (Shell Chemicals, Ineos Phenol, Sunoco), o mercado será equilibrado com uma utilização da capacidade de 90%. O mercado asiático da acetona será o mais dinâmico. A maior parte da nova capacidade entrará em funcionamento na China. Por exemplo, a INEOS Phenol está a investir numa fábrica de fenol/acetona com uma capacidade de 256 000 toneladas (para acetona) na China. Em Singapura, a Shell planeia concluir a construção de uma nova fábrica com uma capacidade de 210 000 toneladas até 2011. Está previsto um grande projeto de fenol no Médio Oriente - a construção de uma fábrica de fenol com uma capacidade de 1,35 milhões de toneladas para a Saudi Kayan Petrochemical Polycarbonate deverá estar concluída em 2010. Prevê-se que a procura global de acetona cresça em média 5-6% no período 2008-2012. É pouco provável que se verifique uma sobreprodução em resultado da introdução de um número significativo de novas capacidades de fenol/acetona, uma vez que o aumento da produção de acetona nas fábricas de cumeno será compensado por uma diminuição da produção nas fábricas que utilizam o isopropanol, mais caro e menos rentável, como matéria-prima.

Atualmente, muitos cientistas estão a trabalhar na utilização da acetona em tecnologias de armazenamento de energia, incluindo J. Lee, H. Kim, Y. Cho, S. Lee "Electrochemical Performance of Carbon Nanotube-Based Electrodes for Lithium-Ion Batteries", X. Chen , Y. Yang, L. Wang "Acetonitrile-Based Electrolytes for High-Energy-Density Batteries", P. Liu, Q. Chen, M. Liu Advances in organic electrolytes for energy storage systems including acetone-based electrolytes, electrolytes in energy storage systems, analyse the role of acetone in high energy storage technologies, its advantages and disadvantages and practical applications.

Os electrólitos à base de acetona aumentam a eficiência da bateria, assegurando a passagem dos iões nas baterias. Os electrólitos à base de acetona têm as seguintes caraterísticas

A acetona dissolve-se bem com muitas substâncias orgânicas e inorgânicas, o que aumenta a eficiência dos electrólitos.

- A acetona é estável como eletrólito e assegura o funcionamento a longo prazo dos seus sistemas de armazenamento de energia.

-A acetona tem uma baixa viscosidade, o que melhora as propriedades de fluxo dos electrólitos.

Os electrólitos à base de acetona oferecem oportunidades potenciais nas tecnologias de armazenamento de energia. A utilização de acetona em baterias de iões de lítio, supercapacitores e outros sistemas de armazenamento de energia pode ajudar a melhorar a eficiência energética. A investigação em curso continuará a desenvolver o papel da acetona nas tecnologias de armazenamento de energia.

1.2. Grandes empresas produtoras de acetona no mercado mundial

Atualmente, vários países em todo o mundo estão envolvidos na produção de acetona. Estes países são principalmente aqueles que desenvolveram uma indústria química sólida e possuem capacidades de produção substanciais. A lista seguinte apresenta uma panorâmica dos países líderes na produção de acetona:

A China é um dos países líderes em termos de produção de acetona. A importante indústria química chinesa e as suas vastas instalações de fabrico facilitaram uma rápida expansão da produção de acetona. Algumas das empresas químicas mundiais são as seguintes

1. SABIC (Saudi Basic Industries Corporation)
2. Corporação Nacional do Petróleo da China (CNPC)
3. Corporação Petroquímica da China (Sinopec)
4. Zhejiang Petrochemical Co., Ltd.
5. Jiangsu Sopo Chemical Co., Ltd.
6. Shandong Jinling Chemical Co., Ltd.
7. Parque da Indústria Química de Xangai (SCIP)
8. CNOOC Limited (Corporação petrolífera offshore nacional da China)

Estas empresas têm uma importância significativa na indústria química chinesa e representam um fornecedor proeminente de acetona no mercado mundial.

Além disso, os EUA desempenham um papel importante na produção de acetona. O estado é sede de várias empresas químicas importantes, incluindo a Dow Chemical, a ExxonMobil, a Shell Chemical Company, a LyondellBasell Industries, a Eastman Chemical Company, a

Chevron Phillips Chemical Company e a Huntsman Corporation. Além disso, a Ineos produz acetona e outros produtos químicos nos Estados Unidos. Estas empresas têm uma importância significativa no fornecimento de acetona e de outros produtos químicos nos Estados Unidos.

Estas empresas têm capacidades de produção globais substanciais e estão na vanguarda do fabrico e distribuição de produtos de qualidade superior. O Japão, que possui uma multiplicidade de empresas químicas de alta tecnologia, desempenha um papel proeminente na produção e exportação de acetona. Além disso, o Japão possui uma indústria química altamente desenvolvida.

A Alemanha é um dos países europeus mais importantes em termos de produção de acetona. A indústria química está bem estabelecida na Alemanha, com empresas que possuem competências consideráveis na produção de acetona e de outros produtos químicos. As empresas alemãs que se destacam na produção de acetona são as seguintes As seguintes empresas são proeminentes no domínio da produção de acetona: BASF SE, Borealis AG, Evonik Industries AG, Clariant AG, LANXESS AG e Solvay S.A. Além disso, a The Chemours Company é um contribuinte notável para o sector. Estas empresas são de grande importância no que respeita à produção de acetona na Alemanha e fornecem produtos de alta qualidade para o mercado global.

A expansão da indústria química sul-coreana fez com que a acetona se tornasse um produto importante no mercado mundial. Entre as empresas notáveis neste domínio contam-se a LG Chem e a Hanwha Chemical.

A Índia também tem um papel importante a desempenhar na produção de acetona. O Estado indiano está a atravessar um período de desenvolvimento industrial, com um aumento da capacidade de produção de produtos químicos. Este facto atraiu a atenção de numerosas empresas mundiais, que estão a estabelecer instalações de produção no país.

A Arábia Saudita, uma nação com recursos consideráveis de petróleo e gás, está empenhada no processo de desenvolvimento da sua indústria química. O país possui capacidades consideráveis de produção de acetona e de outros produtos químicos.

Estes Estados exercem uma influência significativa no mercado mundial da produção de acetona. Como contribuintes importantes para a indústria química da acetona, os países acima mencionados exercem uma influência considerável na sua produção.

A produção de acetona representa uma área de atividade interessante nos Estados da CEI (Comunidade de Estados Independentes), onde a indústria química e as instalações de produção são caraterísticas proeminentes da paisagem industrial. A secção seguinte apresenta uma panorâmica de empresas selecionadas que se dedicam à produção de acetona nos países da CEI, acompanhada de uma breve descrição das suas operações.

A Sibur Holding representa uma das maiores empresas químicas da Rússia e desempenha um papel importante na produção de acetona. A Sibur está envolvida na produção de uma vasta gama de produtos químicos, incluindo a acetona.

A Gazprom Neft é uma entidade proeminente no sector energético russo. A Gazprom Neft também está presente na indústria química, onde se dedica à produção de acetona. Possui uma capacidade de produção substancial e dedica-se igualmente ao fabrico de acetona.

A DniproAzot é uma empresa ucraniana que opera no sector da indústria química, dedicando-se principalmente à produção de produtos químicos, incluindo acetona.

A Belorusneft é uma empresa que opera nos sectores químico e petrolífero. As suas actividades centram-se na produção de acetona.

A KazMunayGas está principalmente envolvida no sector do petróleo e do gás. Contudo, o avanço da indústria química exige a produção de acetona.

A Uzbekneftegaz é uma importante empresa do sector do petróleo e do gás no Uzbequistão, com capacidade para operar também na indústria química.

A produção de acetona nos países da CEI depende das indústrias químicas e petroquímicas existentes. A Rússia tem a maior capacidade de produção e é um dos principais produtores de acetona e de outros produtos químicos. Noutros países da CEI, contudo, a produção de acetona depende mais do desenvolvimento mais amplo da indústria química e das capacidades disponíveis.

1.3. História da descoberta da acetona

A descoberta e o subsequente desenvolvimento da acetona representam um marco significativo na história da química. O desenvolvimento histórico e a descoberta da acetona podem ser delineados da seguinte forma:

A descoberta da acetona, uma das cetonas mais simples e mais importantes, remonta ao século XVI. No entanto, as suas propriedades químicas e composição só foram completamente elucidadas no século XVIII. As propriedades químicas da acetona foram relacionadas com as da acetona vermelha ou dos sólidos acetilados.

No século VIII, o estudioso islâmico Jabir ibn Hayyan (Geber) descreveu substâncias que eram semelhantes à acetona, mas não havia uma compreensão clara da sua natureza química.

Foi identificado pela primeira vez em 1595 pelo químico alemão Andreas Libavius durante o processo de destilação seca do acetato de chumbo.

Posteriormente, a acetona foi objeto de novas investigações por parte dos químicos no final do século XVII e início do século XVIII.

Em 1815, o químico francês Jean-Baptiste Dumas publicou uma descrição da acetona como resultado dos seus estudos. Identificou a acetona como uma molécula constituída por dois grupos metilo e um grupo carbonilo.

Em 1830, outro químico francês, Herman Kolbe, descreveu a acetona como um composto químico e determinou a sua estrutura.

A substância foi isolada em 1832 pelo químico alemão Johann Tobias Lovis. Ele designou a acetona como "spiritus vini destillatus", que se traduz em "espírito do vinho destilado". Posteriormente, a acetona foi objeto de mais investigação por parte de numerosos cientistas e investigadores, o que resultou na determinação das suas propriedades.

A natureza e a composição química da acetona só foram elucidadas por Jean-Baptiste Dumas e Justus von Liebig em 1832. A fórmula química da acetona é ($C\ H_{36}\ O$), e as suas propriedades químicas foram determinadas por François Auguste Chevreuil.

Em 1860, o químico francês Auguste Laurent efectuou a primeira síntese da acetona. Ele sintetizou a acetona através de reacções orgânicas.

Durante a década de 1880, foram feitos avanços nas tecnologias de produção de acetona, que posteriormente se tornou amplamente utilizada na indústria química.

No início do século XX, foram desenvolvidas novas tecnologias para a produção industrial de acetona. A título de exemplo, o processo Kumol foi desenvolvido no início do século XX, um método que melhorou significativamente a eficiência da produção de acetona.

A última parte do século XX e o século XXI testemunharam novos avanços nas técnicas empregues na produção de acetona. Foram introduzidas novas tecnologias, incluindo a desidrogenação do isopropanol e outros métodos eficazes. Foram desenvolvidas novas técnicas com o objetivo de aumentar a segurança ambiental e a eficiência na produção de acetona, com especial ênfase na preservação do ambiente natural.

A investigação científica moderna continua a investigar as potenciais aplicações da acetona e o desenvolvimento de novos métodos de produção. O advento de tecnologias e metodologias inovadoras facilitou a racionalização dos processos de produção de acetona, ao mesmo tempo que melhorou a sua sustentabilidade ambiental.

Atualmente, a acetona é amplamente utilizada na indústria química, farmacêutica e noutros sectores, com avanços contínuos nas suas tecnologias de produção.

Na nossa república, a acetona é utilizada como método de obtenção do acetileno através da hidratação direta, da acidólise ou da oxidação do álcool etílico. No entanto, o fornecimento insuficiente de matérias-primas para o ácido acético e o álcool etílico também está a impedir a satisfação das necessidades locais de matérias-primas da nossa república.

No contexto da paisagem industrial do Usbequistão, a hidratação direta do acetileno em acetona representa uma via de produção particularmente promissora. É por esta razão que, a partir de matérias-primas nacionais e de resíduos industriais, foi criada uma série de substâncias sintéticas importantes para a economia nacional (acetona, acetato de vinilo, cloreto de vinilo, cloropreno, etileno, etc.). Isto foi conseguido através do desenvolvimento de novos métodos e tecnologias de produção, económicos e sem resíduos, bem como através do estudo das leis cinéticas de catalisadores activos com elevada seletividade e produtividade. O objetivo é resolver eficazmente o problema acima mencionado.

Um dos principais objectivos dos cientistas da nossa república é desenvolver novos métodos para a síntese de substâncias sintéticas vitais que possam servir como substitutos de produtos importados, utilizando matérias-primas nacionais e resíduos industriais. Para além disso, a criação de tecnologias sem resíduos, amigas do ambiente, de alta qualidade e competitivas é um aspeto crucial deste esforço. Neste sentido, o grupo acetileno é utilizado na síntese de compostos orgânicos conservantes, que são posteriormente utilizados na prática. A síntese acima referida é realizada por uma equipa de investigadores composta por E. Favorsky, M. F. Shostakovsky, A. M. Sladkov, I. Azerbayev, A. G. Mahsumov, S. Sh. Rashidova, e Q. A investigação conduzida por cientistas como Abdugofurov tem implicações teóricas e práticas significativas. Ahmerov, D. Yusupov, S. Turobjonov, A. Ikromov, U. O. Obidov, N. Madikhanov, T. Yu. Nasriddinov, E. A. Mirzabayev, T. Q. Inakov, L. A.

A acetona é um importante composto orgânico volátil (COV) presente na atmosfera. Estudos recentes revelaram uma concentração inesperadamente elevada de acetona na troposfera e na estratosfera inferior. Num estudo de campo dos fluxos de ar do Atlântico Norte realizado por Singh et al., a acetona foi identificada como a espécie orgânica não metânica dominante, com um rácio de mistura de 357-2310 ppt. Outras estimativas sugerem uma fonte global anual de até 95 Tg yr^{-1}. A principal fonte de acetona é a oxidação de hidrocarbonetos precursores, embora os estudos também tenham identificado a queima de biomassa e as emissões antropogénicas e biogénicas diretas como contribuintes significativos. Os principais processos de perda são a deposição, a fotólise e a oxidação pelo radical hidroxilo (OH). Estas reacções de degradação são particularmente importantes, uma vez que conduzem à produção de radicais HOx e de nitratos peroxiacetilo (PAN), ambos precursores da formação de ozono troposférico.

Dada a importância destas reacções na química da troposfera, tem-se dedicado uma investigação considerável à elucidação dos mecanismos e da cinética da degradação da acetona. Embora a fotólise seja reconhecida como o principal sumidouro, os estudos revelaram que a oxidação iniciada por radicais também representa uma componente significativa do processo de perda de acetona. Pensa-se que o radical OH é o principal agente oxidante da acetona na troposfera. Consequentemente, a reação acetona +OH tem sido objeto de extensa investigação teórica e experimental.

No entanto, investigações recentes indicam que a oxidação de compostos orgânicos pelo cloro atómico (Cl) pode potencialmente competir ou mesmo predominar sobre as reacções iniciadas pelo OH nas zonas costeiras e urbanas. O domínio da tecnologia da matéria orgânica pode ser dividido em duas áreas de estudo distintas:

Os dois principais ramos da síntese orgânica são os seguintes:

- Síntese Orgânica básica;

- Síntese Orgânica fina.

Em contrapartida, a síntese orgânica fina representa um sector industrial dedicado à produção de compostos orgânicos caracterizados por uma quantidade reduzida e uma estrutura complexa. Exemplos de tais substâncias orgânicas incluem corantes, fotocinéticos, preparações farmacêuticas, explosivos e perfumaria. O objetivo da tecnologia de síntese orgânica básica é desenvolver métodos para a produção de monómeros multi-absorventes, solventes e matérias-primas para a síntese de preparações medicinais, conservantes de plantas e outros produtos de uma forma simples, rentável e benigna para o ambiente. Um dos principais objectivos da tecnologia de síntese orgânica básica é a criação e implementação de tecnologias avançadas que poupem energia e recursos, produzam poucos resíduos e sejam seguras para a saúde humana e para o ambiente. D.I. Como observou Mendeleev, o principal objetivo da tecnologia avançada é identificar métodos para a produção de produtos valiosos a partir dos subprodutos dos processos de fabrico.

A designação "oxobíricos" é aplicada aos compostos que contêm o grupo carbonilo, representado pela fórmula química >C=O. A classe dos ácidos oxobíricos engloba tanto os aldeídos como as cetonas. A formação de um ou mais átomos de hidrogénio a partir de uma molécula de hidrocarboneto 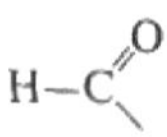 resulta na criação de um aldeído, com exceção do aldeído formiga. A fórmula geral dos aldeídos é representada pela seguinte equação: 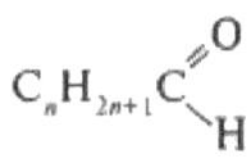

Um composto que contenha dois radicais hidrocarbonetos, cada um dos quais com um grupo carbonilo, é designado por cetona: 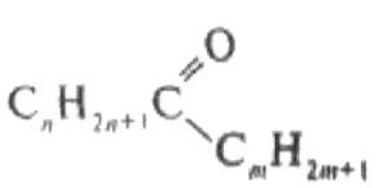

Os aldeídos e as cetonas podem ser classificados como alifáticos de cadeia aberta, anelares de cadeia fechada (cíclicos) ou aromáticos, saturados e insaturados.

De acordo com a nomenclatura estabelecida e a isomeria das cetonas saturadas, o termo "cetona" é anexado à designação dos radicais, designando assim as cetonas numa nomenclatura sistemática.

De acordo com os princípios da nomenclatura sistemática, o sufixo "on" é anexado à designação dos hidrocarbonetos saturados. A numeração dos átomos de carbono começa com o grupo cetona situado na proximidade do bordo. Um dos primeiros representantes das cetonas é a acetona (propanona, dimetilcetona, propanona-2), que tem a fórmula química C H O_{36} 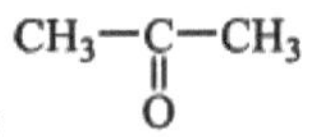 - o termo "substâncias orgânicas" é utilizado para descrever uma classe de cetonas saturadas.

Líquido incolor, volátil e com um odor caraterístico. É capaz de formar uma solução com água e solventes orgânicos polares e, em menor grau, com solventes não polares.

É um solvente industrial dispendioso. Dada a sua baixa toxicidade, é muito utilizado no fabrico de vernizes, explosivos e produtos farmacêuticos. O composto original é utilizado em numerosas sínteses químicas. Em laboratório, a acetona é utilizada como solvente polar aprótico, juntamente com gelo seco e amoníaco, para a síntese de misturas refrigerantes e para a limpeza de aparelhos de laboratório.

A acetona é um dos produtos finais dos processos metabólicos que ocorrem nos organismos vivos, nomeadamente no corpo humano. No fígado dos mamíferos, a dimetilcetona é formada como produto do metabolismo e constitui um dos corpos cetónicos que mantêm o equilíbrio energético. Em caso de perturbação dos processos metabólicos, a concentração do componente em causa é suscetível de aumentar. Um dos componentes dos corpos cetónicos, que normalmente está presente em níveis baixos no sangue de um indivíduo saudável, pode sofrer uma elevação significativa da concentração em condições patológicas, tais como jejum prolongado, esforço físico intenso e formas graves de diabetes. Nestes casos, a concentração deste componente pode atingir 20 mmol/l.

A palavra "acetona" deriva da palavra latina "acetum", que significa "vinagre". Isto deve-se ao facto de a acetona ser anteriormente derivada de acetatos, e a própria acetona ser derivada do ácido acético glacial sintético. Em 1848, Leopold Gmelin, um professor alemão de medicina e ciências químicas, introduziu o termo no uso oficial. O termo alemão, que emprega a palavra acetona (cetona, acetona), também deriva do latim "acetum".

1.4. Métodos de obtenção da acetona

A produção mundial de acetona é superior a 6,9 milhões de toneladas por ano, registando-se um aumento constante desde 2012. Existem vários métodos de obtenção de acetona. Alguns destes processos são conduzidos à escala industrial, enquanto outros são realizados em condições laboratoriais ou envolvem reacções químicas específicas. A secção seguinte descreve os principais métodos e processos utilizados na produção de acetona.

1.4.1. Reacções de extração com acetona do acetato de cálcio

O método mais antigo conhecido de produção de acetona foi a destilação seca de acetato de cálcio, que foi criado através da descontaminação de vinagre de madeira com cal derivada de madeira de coque:

$$CaCO_3 + 2CH_3COOH \longrightarrow Ca(CH_3COO)_2 + H_2O + CO_2$$

$$Ca(OH)_2 + 2CH_3COOH \longrightarrow Ca(CH_3COO)_2 + 2H_2O$$

$$Ca(CH_3COO)_2 \xrightarrow{t} CH_3COCH_3 + CaCO_3{}^{'}$$

O processo de obtenção de acetona a partir de acetato de cálcio é designado por "desidratação de sais de acetato". Neste processo, quando o acetato de cálcio $Ca(CH_3\ COO)_2$ é sujeito a aquecimento, os sais de acetato sofrem descarboxilação parcial, resultando na formação de acetona ($CH_3\ COCH_3$). A secção seguinte apresenta as reacções e o mecanismo deste processo.

A degradação térmica do acetato de cálcio $Ca(CH_3\ COO)_2$ resulta na produção de ácido acético ($CH_3\ COOH$) e carbonato de cálcio ($CaCO_3$) após aquecimento. O ácido acético dá posteriormente origem à formação de acetona e dióxido de carbono (CO_2):

$$(CH_3COO)_2Ca \xrightarrow{heating} CH_3COCH_3 + CaCO_3{}^{'}$$

A descarboxilação do ácido acético: envolve a libertação de dióxido de carbono CO_2 e vapor de água $H_2\ O$ quando o ácido é aquecido, resultando na formação de acetona ($CH_3\ COCH_3$). O processo é efectuado a temperaturas elevadas, normalmente entre 500 e 600°C, e é facilitado pela utilização de catalisadores:

$$2CH_3COOH \rightarrow CH_3COCH_3 + CO_2 + H_2O{}^{'}$$

A acetona resultante é subsequentemente separada e purificada, quer no estado gasoso, quer no estado líquido. Os restantes produtos residuais, incluindo o carbonato de cálcio e o dióxido de carbono, são então isolados ou reciclados. Dada a prevalência de impurezas na acetona, este método não é muito utilizado na atualidade.

1.4.2. Produção de acetona a partir de ácido acético

Na Alemanha, foi patenteado em 1916 um processo de produção de acetona a partir do ácido acético. O processo de produção de acetona a partir do ácido acético é frequentemente designado por descarboxilação do ácido acético. O processo é efectuado através do aquecimento do ácido acético (CH_3 $COOH$) para formar acetona, dióxido de carbono (CO_2) e água (H_2 O). A equação da reação é elucidada da seguinte forma

$$2\,CH_3COOH \xrightarrow{400^{\circ},\ Ce} CH_3COCH_3 + CO_2 + H_2O$$

O processo é conduzido a temperaturas elevadas, normalmente entre 400 e 600 graus Celsius. O aumento da temperatura facilita a descarboxilação do ácido acético. Em alguns casos, observou-se que a utilização de catalisadores, como o óxido de alumínio (Al_2O_3) ou outros óxidos metálicos, facilita a aceleração do processo e aumenta a sua eficiência global.

Inversamente, o mecanismo de reação culmina na formação de acetona (CH_3 $COCH_3$), uma consequência da secreção do grupo carboxilo (COOH) do ácido acético. O -(COOH) CO_2 e o H_2O induzidos pelo calor sofrem decomposição.

A acetona formada é posteriormente separada nos seus estados gasoso ou líquido. Uma vez separada, a acetona é purificada por destilação ou por outros processos de limpeza.

Os restantes produtos residuais, incluindo o dióxido de carbono e a água, são depois processados ou eliminados separadamente.

Este processo tem vantagens e dificuldades.

O processo oferece a vantagem de uma elevada produtividade e eficiência, com o ácido acético resultante a servir como uma matéria-prima simples.

Este processo apresenta algumas dificuldades. A elevada temperatura necessária aumenta o consumo de energia e a descarboxilação do ácido acético produz resíduos sob a forma de dióxido de carbono e água.

1.4.3. Fermentação acetona-butanol-etanol (ABE)

Os membros do género Clostridium são bactérias gram-positivas, formadoras de esporos, anaeróbias e em forma de bastonete. São bastante móveis e encontram-se por toda a parte na natureza, especialmente no solo. Ao microscópio, parecem longos bastonetes com extremidades arredondadas. O Clostridium cresce de forma óptima em ágar sangue à temperatura do corpo humano. Em condições ambientais stressantes, as bactérias formam esporos, que as ajudam a sobreviver a condições extremas, mas nessa altura estão inactivas.

A classe Clostridia inclui uma série de microrganismos patogénicos que podem produzir exotoxinas potentes. Nos seres humanos, por exemplo, podem causar uma série de doenças: tétano, botulismo, gangrena gasosa. O C. acetobutylicum, estirpe ATCC 824, é um dos Clostridia mais bem estudados e está estreitamente relacionado com a estirpe utilizada industrialmente para a fermentação ABE (acetona-butanol-etanol) entre os anos 1920 e 1950. O organismo foi utilizado no Reino Unido durante a Segunda Guerra Mundial para produzir acetona, que era necessária para fabricar cartuchos de artilharia. Embora já não sejam utilizados industrialmente, os Clostridia solventogénicos continuam a ser objeto de muita investigação, incluindo esforços recentes para utilizar os instrumentos da biologia molecular e da engenharia genética para alterar a especificidade do substrato e melhorar a eficiência da produção de solventes.

Além disso, foram identificados métodos de obtenção de acetona através da fermentação acetona-butílica de hidratos de carbono, incluindo amido, açúcar e melaço. Este processo é principalmente facilitado por bactérias do género Clostridium, sendo o Clostridium acetobutylicum um exemplo notável. Durante a fermentação, são produzidos acetona e álcoois butílicos ou etílicos. A fermentação de acetona-butanol-etanol (ABE) é o processo de produção de acetona, butanol e etanol utilizando microrganismos. Este processo é também conhecido como fermentação de acetona-butanol. O processo utiliza frequentemente substratos orgânicos, incluindo amido, açúcar e melaço. Apresenta-se de seguida uma visão geral concisa do processo.

1. Acetona-Butanol-Etanol (ABE) como Matérias-primas na Fermentação:

- Amido: Decompõe o amido em açúcar (glucose) para fermentação;
- Açúcar: Fermentação direta;
- Melaço: Um líquido açucarado que pode ser utilizado como base para a fermentação.

2. O processo de fermentação

A conversão do amido em açúcar (glucose) é conseguida através da utilização de enzimas amilase:

$$(C_6H_{10}O_5)_n \xrightarrow{amylase} nC_6H_{12}O_6'$$

Na ausência de oxigénio, são utilizadas bactérias Clostridium (por exemplo, Clostridium acetobutylicum).

A fermentação da glucose ou de outros açúcares resulta na produção de acetona, butanol e etanol:

$$C_6H_{12}O_6 \rightarrow C_4H_9OH + C_2H_5OH + C_3H_6O + CO_2 + H_2O$$

As proporções molares de acetona e álcool butílico obtidas situam-se no intervalo de 2:1 a 3:1. O método produz resultados relativamente modestos.

$$2\,C_6H_{12}O_6 \longrightarrow CH_3COCH_3 + CH_3(CH_2)_3OH + 5\,CO_2 + 4\,H_2$$

Os produtos da fermentação são destilados para separar a acetona, o butanol e o etanol. O processo de destilação permite a purificação da acetona separada e a obtenção da qualidade desejada. Além disso, a separação e a purificação do butanol e do etanol são conseguidas através do processo de destilação.

A fermentação de acetona-butanol representa um método eficaz para a produção de acetona a partir de uma variedade de fontes de carbono, incluindo amido, açúcar e melaço. Este processo é amplamente utilizado no fabrico de produtos químicos no sector industrial.

1.4.4. Obtenção de acetona a partir do acetileno

A produção industrial de acetona a partir do acetileno é conseguida principalmente através do processo de oxidação aeróbica. O processo utiliza o acetileno (C_2H_2) e o monóxido de carbono (CO) como reagentes principais. A secção seguinte apresenta uma visão geral das principais reacções e do mecanismo deste processo.

A síntese da acetona (CH_3COCH_3) é conseguida através da ação direta do acetileno (C_2H_2) e do monóxido de carbono (CO) na seguinte reação:

$$C_2H_2 + CO + 2H_2 \rightarrow CH_3COCH_3'$$

No decurso deste processo, é normalmente utilizada a utilização de catalisadores, tais como cobre, níquel ou outros óxidos metálicos. A utilização de catalisadores serve para aumentar a velocidade da reação e assegurar uma elevada seletividade. A reação é conduzida a temperaturas elevadas (300-500°C) e sob alta pressão. É essencial manter níveis óptimos de temperatura e pressão para garantir a eficiência do processo. Nas fases iniciais da reação, o acetileno e o monóxido de carbono encontram-se no estado gasoso e reagem com o catalisador. Para tal, é necessário fixar as condições termodinâmicas a uma temperatura e pressão elevadas, uma vez que o aquecimento destas reacções melhora a cinética.

Além disso, a reação resulta na formação de dióxido de carbono (CO_2) como subproduto. A remoção e separação da acetona do reator é realizada no seu estado gasoso ou líquido. Os gases remanescentes, como o dióxido de carbono, são então removidos ou reciclados. Subsequentemente, a acetona é purificada através de destilação ou outros métodos de limpeza.

A síntese da acetona a partir do acetileno é conseguida através de uma reação direta, conduzida a temperaturas e pressões elevadas. No processo, a formação de acetona a partir de acetileno e monóxido de carbono é facilitada por um catalisador. Este processo oferece uma elevada eficiência e viabilidade económica para a produção de acetona.

1.4.5. Obtenção de acetona por reação do acetileno com vapor de água (hidratação)

A interação do acetileno (C_2H_2) com o vapor de água, nomeadamente a reação do primeiro com o segundo, está associada a processos como a formação de carbonetos e a hidratação do acetileno. Estes processos são frequentemente conduzidos com o auxílio de catalisadores.

A reação do acetileno com vapor de água resulta na produção de acetona (CH_3 $COCH_3$). Este processo é designado por descarbonilação do acetileno e é normalmente efectuado a temperaturas elevadas e na presença de um catalisador. Após a conclusão do processo, produz-se acetona (CH_3 $COCH_3$) e dióxido de carbono (CO). 2

$$2\,CH{\equiv}CH + 3\,H_2O \longrightarrow CH_3COCH_3 + CO_2 + 2\,H_2$$

A reação do acetileno com o vapor de água utiliza um catalisador de platina. A temperaturas elevadas, a platina serve para acelerar a reação e facilitar a hidratação do acetileno. A reação entre o vapor de água e o acetileno ocorre a temperaturas elevadas (200-300°C) e sob pressão, com a participação de um catalisador. A reação é frequentemente conduzida por hidratação, que é o acoplamento da água. A reação resulta na formação de acetona e dióxido de carbono ou, em alternativa, na descarboxilação completa da acetona.

Em contrapartida, o acetileno é frequentemente obtido a partir da decomposição térmica do etileno ou da reação do carboneto de cálcio com a água. Uma vez isolada a acetona, esta é submetida a uma purificação através da aplicação de vários métodos, como se indica a seguir.

A mistura de acetona formada pelo método de destilação é então transferida para o aparelho de destilação.

A acetona e outros componentes (por exemplo, água e butanol) são fervidos e removidos sob a forma de vapor. Dado que as diferentes substâncias têm pontos de ebulição distintos, podem ser separadas. O ponto de ebulição da acetona é de 56,05°C, pelo que a destilação é efectuada a esta temperatura para facilitar a separação da acetona dos outros componentes. O processo é amplamente utilizado para o isolamento da acetona na sua forma mais pura, sendo as aplicações à escala industrial uma ocorrência comum.

O método de absorção baseia-se na separação de gases ou vapores através da sua acumulação num líquido específico. O absorvente, que pode estar no estado gasoso ou vaporoso, é injetado com acetona e outros componentes (como a água). No absorvedor, a acetona é sorvida através da utilização de um diluente específico, como o cloreto ou o etanol. A acetona acumula-se no estado líquido, enquanto os outros componentes são libertados no estado gasoso. Este método é mais frequentemente utilizado na limpeza preliminar da acetona.

Limpeza com a utilização de ácidos ou bases. A secreção é o resultado de uma reação química entre a substância e a acetona, bem como outras substâncias, como ácidos ou bases líquidas.

Um ácido, como o ácido sulfúrico, ou uma base, como o hidróxido de sódio, é então adicionado à mistura de acetona. Subsequentemente, os produtos resultantes são separados e a acetona é sujeita a processamento adicional para fins de limpeza. Este método é utilizado para a remoção de impurezas específicas durante a limpeza da acetona.

A extração em fase líquida é um processo em que é utilizado um solvente líquido para extrair uma substância de uma solução. Neste método, a separação da acetona e de outros componentes é conseguida através da utilização de diferentes fases fluidas. Para tal, a mistura de acetona é combinada com dois líquidos (por exemplo, um solvente orgânico e água). A acetona acumula-se em maior quantidade na fase aquosa. Posteriormente, as duas fases são separadas e a acetona é purificada.

A limpeza **química** é o processo de remoção de impurezas da acetona através da utilização de agentes químicos.

A filtração é utilizada para a purificação da acetona, por meios mecânicos ou químicos, quando é necessário um elevado nível de limpeza.

A reação do acetileno com vapor de água para formar acetona (CH_3 $COCH_3$) representa um método importante para a produção industrial de acetona. Atualmente, os catalisadores de cobalto (Co) e de molibdénio (Mo) são também utilizados na reação do acetileno com o vapor de água.

1.4.6. Método Kumol de obtenção da acetona

O método Kumol, também conhecido como processo Cumol, é um método industrial utilizado para a produção de acetona. O processo Kumol utiliza o cumol (isopropilbenzeno) para produzir acetona e fenol. O método Kumol é um processo industrial amplamente utilizado, representando uma das principais tecnologias de produção de acetona e fenol.

O fenol C H_{65} OH é uma substância cristalina (t $=42_{pl}{}^{0}$ C, t_{kip} $=181,4^{0}$ C). Na forma recentemente destilada, é incolor. Mas durante o armazenamento adquire uma cor laranja ou vermelha intensa.

As suas principais aplicações são a produção de polímeros de fenolaldeído, fibras sintéticas de capron e nylon, polímeros epoxídicos e policarbonatos. É também utilizado como produto intermédio na produção de corantes, medicamentos, explosivos e herbicidas. A alquilação do fenol produz aditivos antioxidantes e produtos intermédios para a síntese de tensioactivos não ionogénicos.

A forma mais progressiva de produção de fenol é o cumeno, com base na realização das seguintes etapas:

1. oxidação do isopropilbenzeno (cumeno) em hidroperóxido

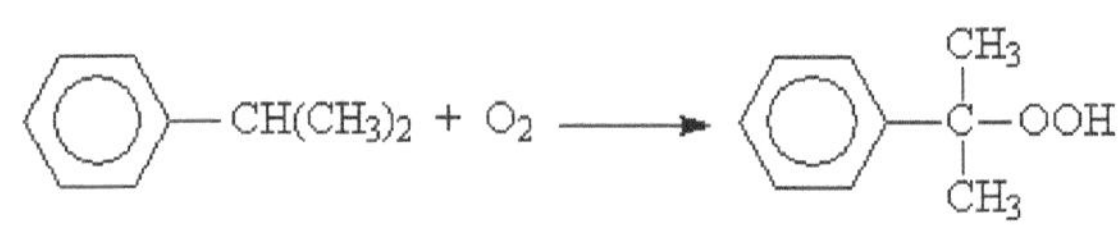

(1)

2. Decomposição do hidroperóxido resultante em fenol e acetona

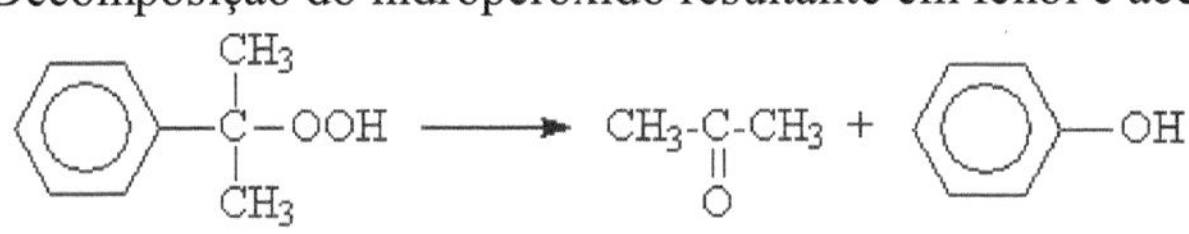

(2)

Somando as equações (1) e (2), obtém-se a equação do processo resultante

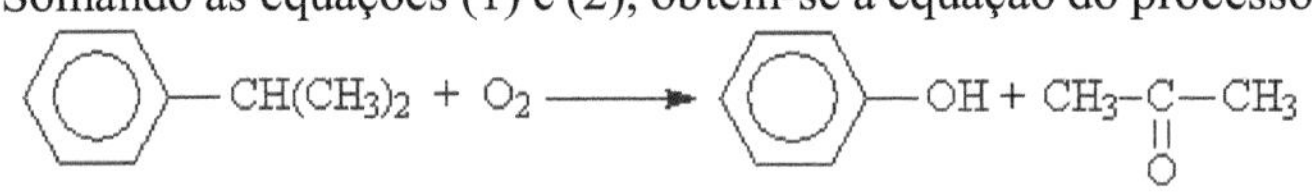

(3)

Verifica-se que apenas o fenol e a acetona, que são produtos de base valiosos, aparecem no lado direito da equação total (3). Por outro lado, este processo requer matérias-primas baratas e disponíveis (isopropilbenzeno e ar). Isto torna o processo do cumeno o mais económico de todos os métodos conhecidos de produção de fenol.

Consideremos as principais regularidades das fases de oxidação e decomposição do hidroperóxido de isopropilbenzeno.

1.4.7. Oxidação do isopropilbenzeno (cumeno)

A oxidação do isopropilbenzeno é um processo típico de radicais livres com ramificação degenerada da cadeia. Na ausência de quaisquer agentes iniciadores estranhos, a nucleação da cadeia é realizada por interação bimolecular de oxigénio e moléculas de isopropilbenzeno

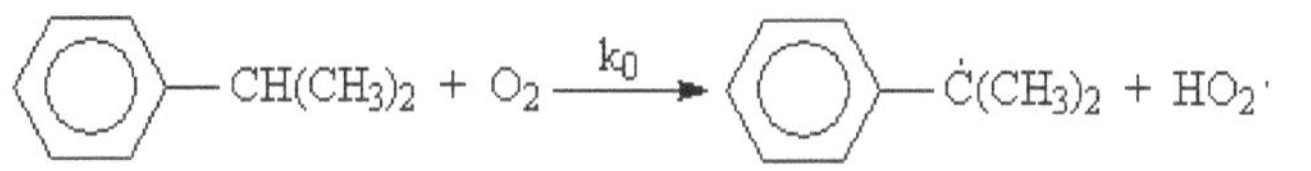

Esta reação é caracterizada por uma barreira energética elevada e evolui muito lentamente. A baixa taxa de iniciação não pode assegurar a concentração de radicais livres a um nível que faça com que o processo em cadeia avance de forma apreciável.

Uma vez que o hidroperóxido de isopropilbenzeno se decompõe facilmente devido a uma fraca ligação oxigénio-oxigénio

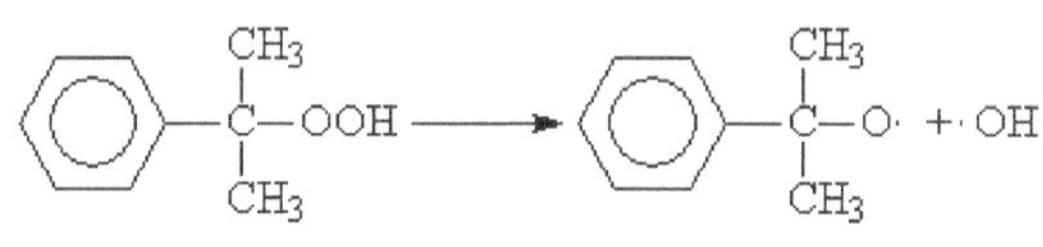

a sua acumulação durante o processo conduz a um aumento do tipo avalanche na taxa de geração de radicais livres e, consequentemente, na taxa de oxidação do isopropilbenzeno. Este carácter do processo provoca a presença de um período de indução da reação, que pode ser definido como o tempo durante o qual a quantidade de hidroperóxido é acumulada no sistema, proporcionando um fluxo percetível do processo em cadeia. Por conseguinte, uma forma natural de encurtar o período de indução consiste em adicionar uma certa quantidade de hidroperóxido ou massa reacional oxidada ao isopropilbenzeno inicial.

O período de indução do processo pode ser muito mais longo devido à presença de inibidores de oxidação por radicais livres, tais como compostos orgânicos contendo enxofre, fenóis, etc., na massa de reação. Neste caso, o período de indução é definido como o tempo durante o qual o inibidor J-H é destruído no sistema devido à sua interação com radicais de cadeia:

$$R^{\cdot} + J - H \rightarrow R - H + J^{\cdot'}$$

Os radicais resultantes $J^{\cdot'}$ são inactivos e incapazes de continuar a cadeia. Em ligação com a razão referida para o aumento do período de indução, uma tarefa tecnológica importante é a purificação da matéria-prima de substâncias que são inibidoras ou capazes de produzir inibidores durante a oxidação.

Os catalisadores convencionais de oxidação em fase líquida (sais de manganês, cobalto, etc.) não podem ser utilizados como agentes iniciadores neste caso, uma vez que provocam uma decomposição notável do hidroperóxido no subproduto dimetilfenilcarbinol.

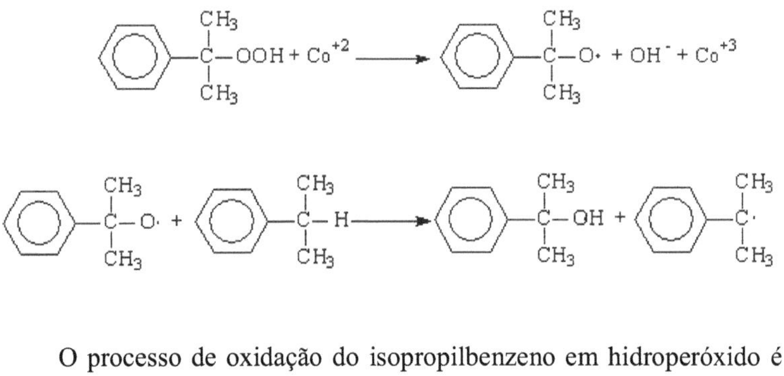

O processo de oxidação do isopropilbenzeno em hidroperóxido é complicado pela formação de subprodutos: acetofenona e dimetilfenilcarbinol. O mecanismo das reacções principais e secundárias pode ser representado pelo esquema seguinte:

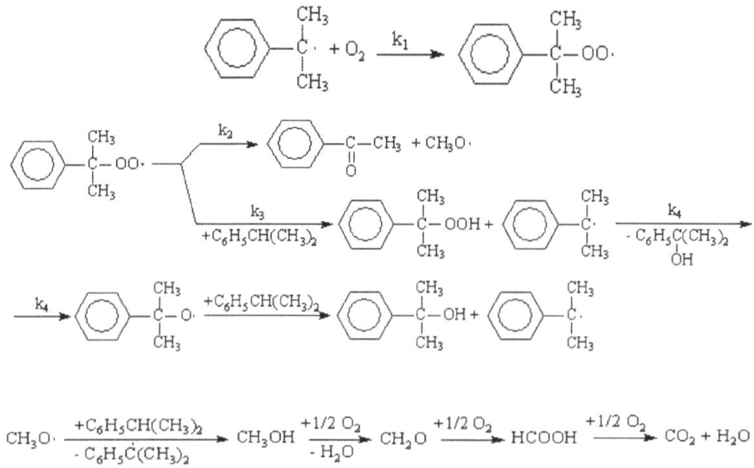

De acordo com o esquema apresentado, a seletividade diferencial do processo para o hidroperóxido será expressa pela equação:

$$\varphi = \frac{r_3 - r_1}{r_2 + r_3} = \frac{1 - \frac{r_4}{r_3}}{1 + \frac{r_2}{r_3}} = \frac{1 - \frac{k_4}{k_3} \cdot \frac{[R\cdot]\,[ROOH]}{[ROO\cdot]\,[RH]}}{1 + \frac{k_2}{k_3} \cdot [RH]^{-1}} \qquad (4)$$

Num ambiente de internamento: $r_1 = r_2 + r_3'$ No entanto, uma vez que a gravidade específica da acetofenona neste processo é pequena, o termo r_2 na última igualdade pode ser negligenciado $r_1 \approx r_3$.

Em seguida, a razão das concentrações $[R^{\cdot}]\cdot[ROO^{\cdot}]'$ é expressa pela equação:

$$\frac{[R^{\cdot}]}{[ROO^{\cdot}]} = \frac{k_3[RH]'}{k_1[O_2]}$$

Substituindo a última expressão na equação (4), temos finalmente (5)

$$\varphi = \frac{1 - \frac{k_4}{k_3} \cdot \frac{[ROOH]}{[O_2]}}{1 + \frac{k_2}{k_3} \cdot [RH]^{-1}}$$

A análise desta equação mostra que a seletividade da reação diminui com a diminuição da pressão parcial de oxigénio e com o aumento da profundidade da transformação (que corresponde à acumulação de hidroperóxido e à diminuição da concentração de hidrocarbonetos). De acordo com as energias de ativação mais baixas da reação do desenvolvimento da cadeia principal do processo em comparação com as energias laterais E4>E1 e E2>E3, a seletividade do processo aumenta com a diminuição da temperatura, mas ao mesmo tempo a sua taxa diminui. Isto exige a seleção da temperatura óptima. Na prática, o processo é efectuado a temperaturas de 105-120^0 C. Se o processo for realizado numa cascata de reactores, a temperatura do processo é reduzida gradualmente na transição de um reator para outro. Esta solução permite aumentar a seletividade do processo, mantendo a velocidade do processo (devido ao aumento da concentração de hidroperóxido).

O aumento da pressão leva a um aumento da taxa e da seletividade do processo. Ao mesmo tempo, a pressão é limitada a partir de cima devido a condições mais rígidas de funcionamento do equipamento, aumento dos custos de compressão, expansão dos limites de explosão da mistura vapor-gás acima da massa de reação. Na prática, trabalham com uma pressão de 0,3-0,5 MPa.

O tempo de reação é determinado pelo valor da conversão óptima. O aumento da conversão (correspondente à acumulação de ROOH e à depleção de RH) conduz à diminuição da seletividade de acordo com a equação (5).

Uma diminuição da conversão, que é favorável do ponto de vista da seletividade, conduz a um aumento da fração de isopropilbenzeno que não reage, o que implica custos adicionais para a sua reciclagem. A conversão óptima, que representa um compromisso entre os requisitos de elevada seletividade e reciclagem económica, é geralmente de 25-30%. Estes valores de conversão correspondem a tempos de reação da ordem de algumas horas.

Devido à elevada reatividade do isopropilbenzeno, o processo pode, em determinadas condições, decorrer na região de difusão. Neste caso, baixas concentrações de oxigénio na massa reacional, de acordo com a equação (5), causam uma diminuição da seletividade do processo. Por conseguinte, uma tarefa tecnológica importante na realização do processo é a criação de um regime hidrodinâmico eficaz.

Este problema é resolvido através da criação de um modo de circulação da massa de reação, realizando o processo em aparelhos de troca de massa altamente eficientes.

A presença de impurezas ácidas na massa reacional provoca um processo indesejável de decomposição de hidroperóxidos com a formação de fenol, que é um inibidor do processo de oxidação por radicais livres:

$$C_6H_5{-}\underset{\displaystyle OOH}{\underset{|}{C}}(CH_3)_2 \xrightarrow{H_3\overset{\oplus}{O}} C_6H_5OH + CH_3{-}\underset{\displaystyle O}{\underset{\|}{C}}{-}CH_3$$

A fim de neutralizar as impurezas ácidas formadas durante o processo, por exemplo, por reação:

$$CH_2O \xrightarrow{\frac{1}{2}O_2} HCOOH$$

O processo de oxidação do isopropilbenzeno é frequentemente efectuado na presença de agentes alcalinos. São utilizados os seguintes agentes: $BaCO_3$, $CaCO_3$, $Na_2 CO_3$, $NaHCO_3$ etc.

1.4.8. Decomposição do hidroperóxido em fenol e acetona

A decomposição do hidroperóxido de isopropilbenzeno é catalisada por ácidos protónicos. A reação processa-se por mecanismo iónico:

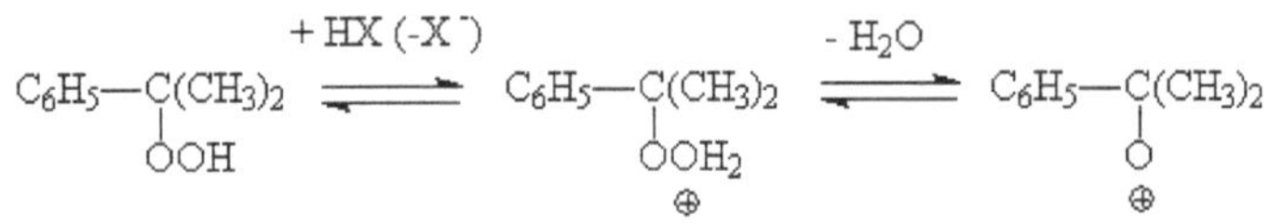

O catião formado é rearranjado com migração do grupo enol para o átomo de oxigénio e transformações subsequentes que resultam em fenol e acetona:

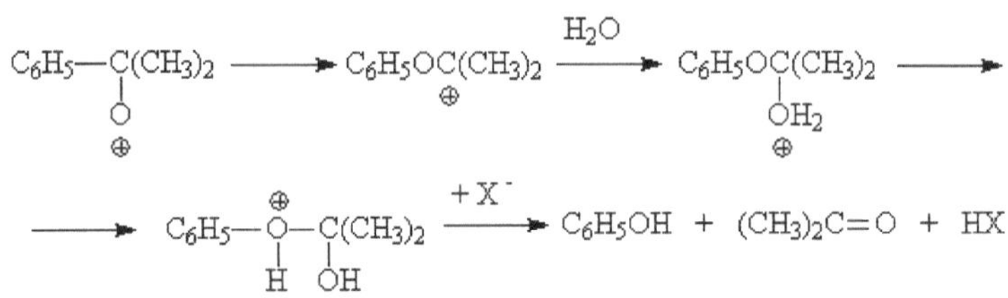

Os subprodutos da oxidação contidos como impurezas no hidroperóxido também podem entrar em várias reacções sob a ação de catalisadores ácidos. Assim, o dimetilfenilcarbinol é desidratado para formar α-metilestireno e actua também como agente alquilante do fenol. Além disso, o α-metilestireno é dimerizado:

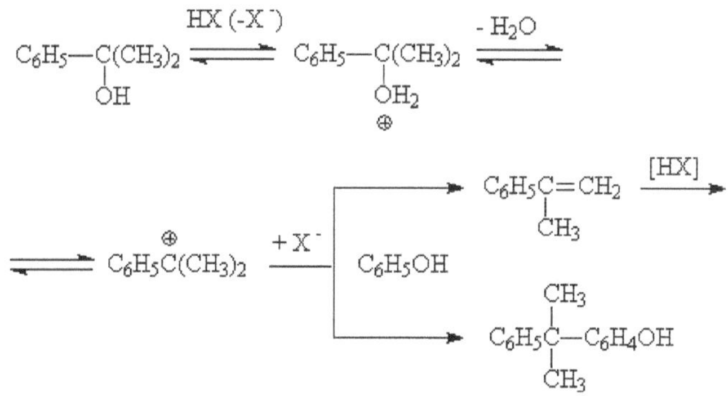

Obtêm-se também pequenas quantidades de resinas de estrutura mais complexa. Com o aumento da concentração do ácido e da temperatura, as transformações ácido-catalíticas da acetofenona e da acetona tornam-se possíveis, por exemplo, por condensação de aldol seguida de separação da água:

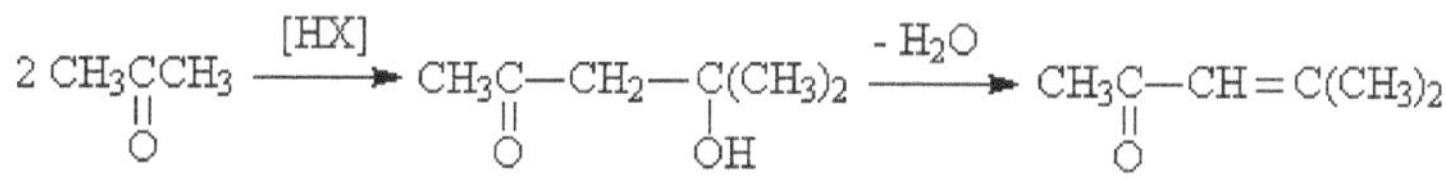

oxide mesitylene

A velocidade da reação principal é descrita pela equação:

$$r = \frac{\{kHX + k_1[C_6H_5OH]\}[C_6H_5C(OOH)(CH_3)_2]'}{[H_2O]} \qquad (6)$$

A reação processa-se muito rapidamente. Na presença de 0,05-0,1 % (wt.) de $H_2\,SO_4$ a 50-60^0 C, a conversão quase completa é alcançada em 2-3 min.

Devido à elevada velocidade do processo na sua realização industrial é necessário que o seu valor não atinja o limite, no qual é impossível remover o calor, de modo a tornar os processos de remoção de calor controlados, a reação é realizada em diluentes, como os produtos da reação e a acetona.

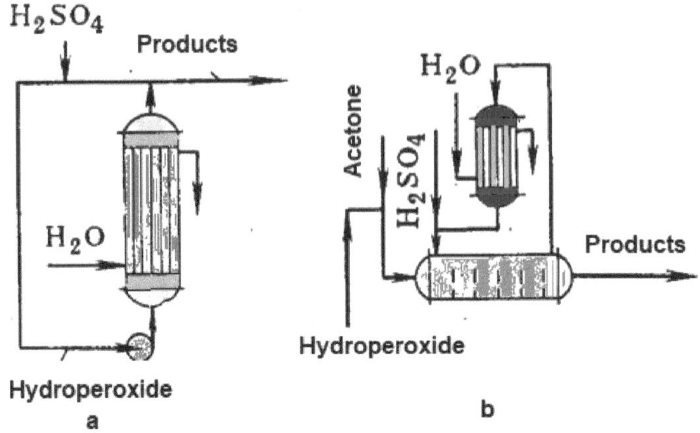

Figura 1. Unidades de reação para a decomposição ácida de hidroperóxidos:

a - unidade de circulação de fluxo; b - instalação com remoção de calor devido à evaporação da acetona.

Um dos métodos para realizar a reação é a aplicação da unidade de circulação de fluxo (Fig. 1a), quando o calor libertado é removido num reator tubular, arrefecendo-o com água. A mistura de reação à saída do reator é parcialmente desviada para processamento posterior, mas a quantidade principal é dirigida para recirculação: adiciona-se ácido-catalisador e na bomba mistura-se com o hidroperóxido inicial. Neste sistema, o tempo de contacto é limitado pela dissipação de calor e é sobrestimado. Além disso, a recirculação da mistura conduz a um aumento do rendimento dos subprodutos. Assim, para 1 tonelada de fenol obtêm-se 100-150 kg de resíduos, incluindo 15-20 kg de α-metilestireno, 40-50 kg de dímeros e resinas, 5-10 kg de acetofenona, 30 kg de cumilfenol, etc. Embora não se forme muito óxido de mesitilo, este complica significativamente a purificação do fenol.

Um outro método de decomposição ácida dos hidroperóxidos (Fig. 1b) consiste em efetuar a reação em solução de acetona e em retirar o calor devido à sua evaporação. A acetona é condensada num condensador de refluxo e reenviada para o reator, que pode ser seccionado com deflectores transversais. Isto, juntamente com a redução da concentração de fenol na solução e do tempo de contacto, reduz o rendimento dos subprodutos.

1.4.9. Tecnologia de obtenção do fenol e da acetona pelo método cumol

Este método é eficaz e amplamente utilizado na produção de acetona e fenol à escala industrial. A figura mostra um esquema tecnológico para a produção de fenol e acetona pelo método cumol.

A produção de fenol e acetona pelo método do cumeno inclui as fases de produção de isopropilbenzeno, a síntese do hidroperóxido de isopropilbenzeno e a sua decomposição ácida em fenol e acetona

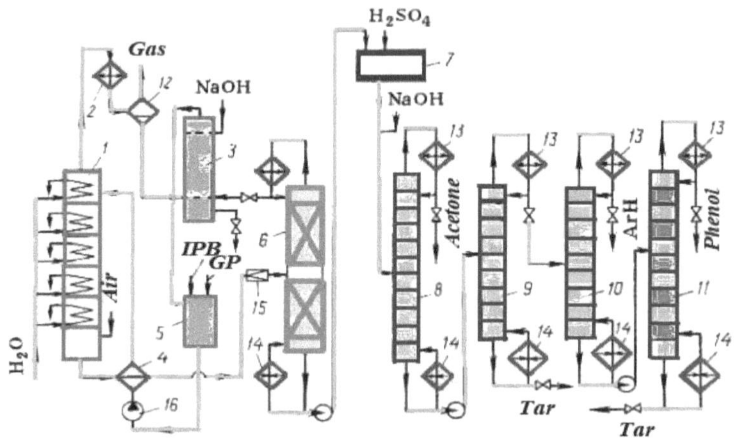

Figura 2. Esquema tecnológico do método cumeno de produção de fenol e acetona

1-coluna de reação; 2-refrigerador; 3-lavador-separador; 4-trocador de calor; 5-coletor; 6,8-11-colunas de retificação; 7-unidade de decomposição ácida do hidroperóxido; 12-separador; 13-deflegmadores; 14-caldeira; 15-válvula de estrangulamento; 16-bomba.

O esquema tecnológico das duas últimas fases é apresentado na Fig. 2. A oxidação é efectuada numa coluna de reação de pratos (19) equipada com refrigeradores: com a sua ajuda, a temperatura do líquido é mantida entre 120°C no prato superior e 105°C no cubo. O ar, previamente limpo de contaminantes e impurezas mecânicas e aquecido, é fornecido à parte inferior da coluna a uma pressão de 0,4 MPa. O isopropilbenzeno (IPB) fresco e oborotnye, ao qual é adicionado hidroperóxido (HP), iniciando a fase inicial de oxidação, do coletor (5) é alimentado ao permutador de calor (4), e daí para a placa superior do reator. O ar move-se em contracorrente com o líquido, borbulhando através dele nos pratos da coluna. Ao mesmo tempo, arrasta vapores de isopropilbenzeno e subprodutos voláteis (ácido fórmico, formaldeído), que são condensados no refrigerador (2). O ar restante é descarregado para a atmosfera e o condensado é lavado do ácido fórmico com uma solução aquosa de álcali no separador de lavagem (3). A camada de hidrocarbonetos é descarregada no coletor (5), e a camada aquosa é recirculada para lavagem, descarregando a camada de hidrocarbonetos no separador de lavagem (3).

O oxidado da parte inferior da coluna (7) contém até 30 % de hidroperóxido. No permutador de calor (4), o oxidado liberta o seu calor para o isopropilbenzeno, é estrangulado para uma pressão residual de≈ 4 kPa e passa para a retificação sob vácuo para concentração do hidroperóxido. A destilação do isopropilbenzeno é efectuada numa coluna de retificação de bicos (6) de funcionamento contínuo, equipada com um condensador-deflegmador. A aplicação do vácuo é condicionada pela instabilidade térmica do hidroperóxido. Parte do isopropilbenzeno condensado é devolvido do condensador-deflegmador para irrigação da coluna (6), e o resto da quantidade é removido para o separador (3), lavado com álcali, e novamente enviado para oxidação. O líquido do cubo da coluna (6) contém 70-75 % de hidroperóxido, bem como subprodutos da oxidação e resíduos de isopropilbenzeno. Através de uma retificação adicional sob vácuo (não indicada no esquema) à pressão residual≈ 665 Pa, a concentração de hidroperóxido aumenta para 88-92%. A fase seguinte (decomposição ácida do hidroperóxido) é efectuada no nó (7) por um dos dois métodos acima descritos.

A fase final consiste na retificação, que é efectuada em diferentes sequências. Mais frequentemente, a acetona é primeiro destilada à pressão normal na coluna (8), depois a mistura com elevado ponto de ebulição (resina fenólica) que permanece no cubo é separada dos produtos mais voláteis, incluindo o fenol, na coluna (9) a pressão reduzida. Desta fração,α -metilestireno e resíduos de isopropilbenzeno (fração de hidrocarbonetos) são destilados na coluna (10) e o fenol é destilado na coluna (11), deixando uma quantidade adicional de resina fenólica no cubo.

Em algumas fábricas, a fração de hidrocarbonetos é hidrogenada e devolvida para oxidação. Isto evita o efeito inibidor doα -metilestireno e permite não concentrar o hidroperóxido antes da decomposição ou efetuar apenas o seu "reforço". Foram propostos vários métodos de utilização da resina fenólica, incluindo a pirólise com obtenção de uma quantidade adicional de fenol.

1.4.10. Obtenção de acetona por exposição ao benzeno e ao dióxido de carbono (método industrial):

O processo pelo qual a acetona é produzida industrialmente através da reação do dióxido de carbono com o benzeno é designado por processo

"Kluwer". Este processo foi desenvolvido no final do século XIX pelo químico alemão Karl Kluwer e é amplamente utilizado à escala industrial. No processo Kluwer, o benzeno (C H_{66}) e o dióxido de carbono (CO_2) reagem utilizando um catalisador. A reação é frequentemente realizada utilizando cloreto de alumínio ($AlCl_3$) ou outros catalisadores. O processo é realizado pela seguinte reação básica:

$$C_6H_6 + CO_2 \rightarrow (CH_3)_2CO$$

Nesta reação, o benzeno e o dióxido de carbono interagem para formar acetona (propanona). A reação ocorre sob condições de alta pressão e temperatura. Normalmente, a temperatura da reação é de cerca de 250-300°C. Na indústria, são utilizados reactores e equipamentos especiais para realizar este processo. São utilizados vários métodos, como a destilação ou a filtração, para purificar e separar a acetona obtida da reação. Este processo é altamente eficiente e permite a produção de acetona em grandes quantidades. Os materiais utilizados como catalisadores são relativamente baratos e eficientes.

Este processo é considerado muito importante para a produção de acetona à escala industrial e é amplamente utilizado na indústria química.

1.4.11. Extração com acetona a partir de isopropanol

De acordo com este método, o isopropanol é oxidado num catalisador em fase gasosa a uma temperatura de 450-650°C (cobre metálico, prata, níquel, platina). A acetona é obtida com um rendimento elevado (até 90%) num catalisador de prata em pedra-pomes ou numa rede de prata:

$$(CH_3)_2CH-OH+O_2 \rightarrow (CH_3)_2CO+H_2O_2'$$

A acetona é obtida pelo método de oxidação do propeno.

A acetona é também obtida por oxidação direta do propeno na fase líquida na presença de $PdCl_2$ no ambiente de soluções salinas de PD, Cu, Fe a temperaturas de 50-120°C e pressões de 50-100 Atm:

$$CH_3CH{=}CH_2 + PdCl_2 + H_2O \longrightarrow (CH_3)_2CO + Pd + 2HCl$$

$$2Pd + 4HCl + O_2 \longrightarrow 2PdCl_2 + 2H_2O$$

A acetona é um líquido incolor, móvel e volátil, com um odor pungente caraterístico em condições normais. Em todas as proporções, mistura-se com água, éter dietílico, benzeno, metanol, etanol, muitos ésteres complexos, etc.

Principais propriedades termodinâmicas da acetona:

-Tensão superficial (20°C): 23,7 mn/m

A entalpia padrão de formação é ΔH (298 K): -247,7 kDj / mol (J)

- A entalpia padrão de formação é S (298 K): 200 Dj/mol-K

- Capacidade térmica molar padrão Cp (298 K) 125 Dj/mol-K

- Entalpia de fusão ΔH: 5,69 kDj/mol

- Entalpia de ebulição ΔH: 29,1 kDj/mol

- Calor de combustão Q_p : 1829,4 kJ/mol

- Pressão crítica: 4,7 MPa

- Densidade crítica: 0,273 g /cm3

- Adesão dinâmica

-0,36 MPA-s (10°C)

-0,295 MPA-s (25°C)

-0,28 MPA-s (41°C)

Propriedades termoquímicas

-Ponto de inflamação no ar: -20°C

- Temperatura de auto-ignição do ar; 465°C

Limites de concentração explosiva: 2,6-12,8%.

Outras caraterísticas:

- Índice de fratura (para linha D de sódio): 1,3591 (20°C)- 1,3588 (25°C

* Índice de dissociação electrolítica: pKa = 20 (20°C, água)

- Constante dieléctrica (20°C): 20,9

- Momento de dipolo da molécula (20°C): 2,84 D

A desidrogenação do isopropanol é um método conveniente para a produção de acetona e é amplamente utilizado nas indústrias química, farmacêutica e muitas outras. Este método é eficaz e económico para a produção de acetona e tem vantagens adicionais com a disponibilidade e o baixo custo do isopropanol.

A acetona dissolve bem muitas substâncias orgânicas, nomeadamente acetil e nitrocelulose, ceras, alcalóides, etc., bem como um certo número de sais.

A acetona é geralmente produzida pela reação de óxido de propileno e cloreto de carbonilo. A acetona também pode ser produzida pela reação de metanol e óxido de carbono (IV).

1.4.12. Reação de Kovalevsky. Obtenção de acetona por via do metanol e do óxido de carbono (IV)

O processo de obtenção da acetona através do metanol e do óxido de carbono (IV) é designado por "reação de Kovalevsky" ou "método de Kovalevsky". O processo geral deste método é o seguinte:

Preparação das matérias-primas:

Metanol (CH_3OH): é um álcool simples que é normalmente obtido através do processamento de gás ou de outros processos químicos.

Óxido de carbono (IV) (CO_2): é um gás natural obtido através de plantas ou de processos industriais (como a queima de carvão ativado).

Neste método, a acetona reage com metanol (CH_3OH) e óxido de carbono (IV) (CO_2). Para o método de Kovalevsky, a reação é normalmente realizada a alta pressão e alta temperatura. Condições favoráveis: temperatura: 200-300°C (392-572°F), pressão: 30-60 bar, os catalisadores são geralmente à base de ferro ou crómio.

$$2\,CH_3OH + CO_2 \xrightarrow{H_2SO_4} CH_3OCOOCH_3 + H_2O$$

Forma-se aqui carbonato de metilo ($CH_3OCOOCH_3$). Reação do carbonato de metilo com água (contrarreação):

$$CH_3OCOOCH_3 + H_2O \rightarrow CH_3COCH_3 + CH_3OH + CO_2$$

Este método é utilizado na produção industrial de acetona. Na purificação do produto, são utilizados métodos de destilação ou físico-químicos para separar a acetona após a reação. Nesta fase, a acetona é separada de outros subprodutos (como a água ou o excesso de CO_2).

Em alguns casos, os produtos separados são processados ou sujeitos a processos de purificação adicionais. As reacções do óxido de carbono (IV) e do metanol, bem como a reciclagem e o tratamento adequados dos resíduos, são importantes para garantir a segurança ambiental. Deve ser dada atenção à segurança quando se trabalha em condições de alta pressão e temperatura. Também é necessário armazenar e utilizar corretamente os produtos químicos.

Um diagrama da tecnologia de produção de acetona utilizando metanol e óxido de carbono (IV) pode ser utilizado no esquema seguinte. O diagrama mostra cada etapa do processo:

Como se pode ver no diagrama desta tecnologia de extração, as matérias-primas metanol e óxido de carbono (IV) são primeiro introduzidas no processo. O metanol e o óxido de carbono (IV) são misturados sob condições de alta pressão e temperatura.

No Reator 1, o metanol e o óxido de carbono (IV) reagem para formar (CH_3COOH) e água (H2O).

O reator 2 descarboxila o ácido acético para formar acetona (CH_3COCH) e óxido de carbono (IV) (CO_2). Os gases formados na coluna de separação de gases, incluindo o óxido de carbono (IV) e outros gases, são extraídos. Os líquidos são separados por destilação de acetona e água na coluna de separação. A acetona é então enviada para a coluna de purificação e purificada até à qualidade desejada. Quando a acetona está pronta para ser armazenada, os líquidos facilmente inflamáveis são enviados para o tanque de armazenamento. Os restantes resíduos são reciclados ou eliminados de forma segura.

É importante que cada fase funcione corretamente e que sejam tomadas medidas de segurança.

CAPÍTULO II. PROPRIEDADES QUÍMICAS DA ACETONA

2.1. Propriedades químicas da acetona. Identidade do grupo carbonilo

A acetona é a primeira de uma classe de cetonas saturadas, um líquido incolor com um odor caraterístico. Os pontos de ebulição dos compostos carbonílicos são inferiores aos dos alcanóis correspondentes. O grupo carbonilo da acetona é um grupo altamente polarizado. Momento de dipolo 9.0·10-30.... 9.4 / 10-30kl / m (2.7...2.8 D).

Tem também a propriedade da polarizabilidade. Isto também pode ser explicado pelos índices de refração molecular das ligações. Para C=O, R=3,3...3,5, o que significa que as cargas efectivas dos átomos do grupo carbonilo aumentam sob a influência de factores externos (reagentes agressivos).

A polaridade dos compostos carbonílicos é uma função da estrutura do grupo carbonilo. O grupo carbonilo é constituído por dois átomos cuja electromania é drasticamente diferente uma da outra. Duas orbitais de cada átomo participam na formação do pântano e forma-se um pântano σ e π. A absorção de electrões no grupo carbonilo é maior do que na ligação C-O. A ligação C=O é mais curta do que a ligação C-O (0,12 nm, C-O 0,144 nm). O átomo de carbono do grupo carbonilo encontra-se no estado de hibridação sp2. O estado de hibridação do átomo de oxigénio não é claro. Existem duas possibilidades:

A) hibridação sp^2 e ambos os pares de electrões são iguais (I):

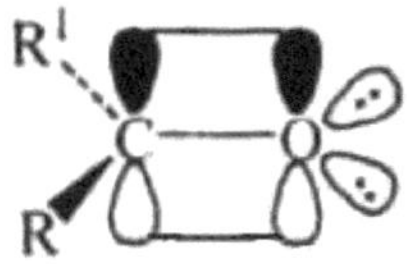
I

II

B) O átomo de oxigénio não está hibridizado, um par de electrões está na orbital p e o outro na orbital s (II).

O segundo caso é mais provável.

Os compostos carbonílicos são fracos dadores de electrões. Têm também as propriedades de um electronoaxeptor. Isto pode ser visto no exemplo do acoplamento de electrões:

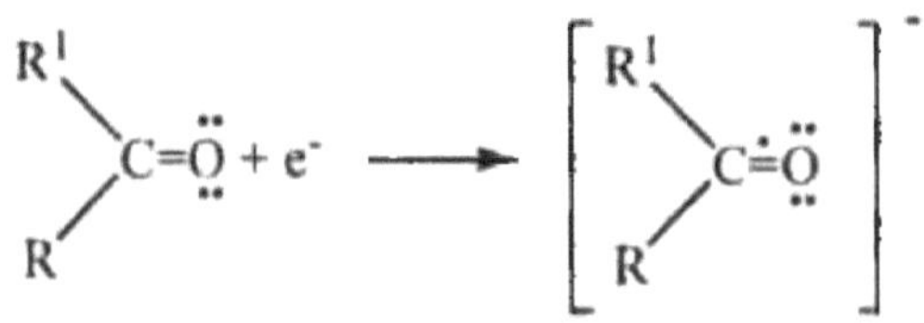

A ligação do eletrão resulta num radical anião, com o eletrão ímpar depositado numa orbital molecular livre inferior solta. Isto altera a ordem da ligação p no radical anião e é frequentemente descrito em termos de uma partícula de electrões ímpares altamente localizada no radical anião:

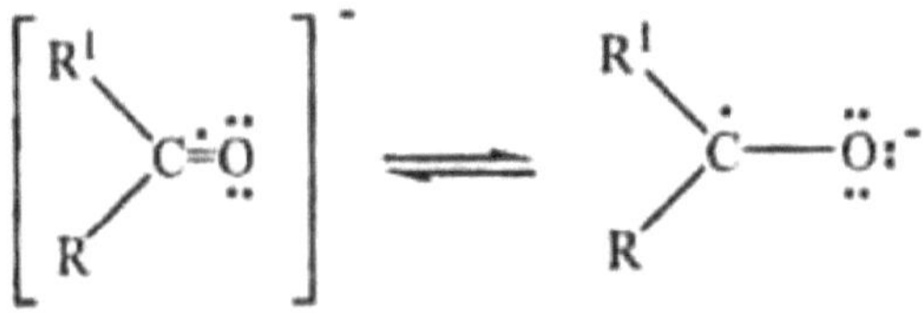

Um exemplo da força do radical anião dos compostos carbonílicos, Na, é formado em reacções de boradagon com Zn.

Foram comunicadas variações na densidade eletrónica e outras propriedades específicas do grupo carbonilo.

Em contraste com a orbital molecular do etileno no grupo carbonilo, YuBMO é a energia da definição de eletrão-dono do átomo de oxigénio. A um par de electrões desocupado é dada a sua orbital (n). A importância das cargas efectivas é indicada pelo grande volume de produção de electrões no átomo de carbono. Neste caso, o grupo carbonilo é o centro electrofílico.

As reacções químicas dos compostos de carbonilo ocorrem principalmente no grupo carbonilo polarizado que aceita os electrões. Também sofre alterações no seu próprio estado com a troca do átomo de hidrogénio. O fundo de pensões não orçamental do Ministério das Finanças da República do Usbequistão no trabalho de catalisadores de base em soluções aquosas (pH = 12-13) pode atingir 10 -10^{-1-5} % em relação à quantidade de anião na ordem em que a concentração não é aceite.

A estrutura molecular da acetona é apresentada nas Figuras 3 e 4. O carbono central sp^2 está hibridizado, com ângulos de ligação entre os átomos de carbono estimados em 120. A acetona tem uma geometria trigonal planar.

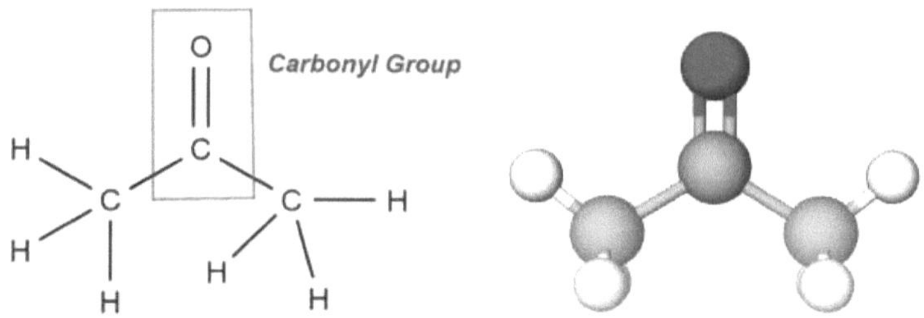

Figura 3,4. Estrutura da acetona

À custa dos electrões desocupados no átomo de oxigénio, os compostos de carbonilo podem interagir com os ácidos como uma base fraca. Quando interagem com ácidos protónicos, dependendo da constante de acidez e da concentração do ácido, o protão liga-se ao grupo carbonilo por uma ligação de hidrogénio ou por uma ligação covalente. Isto resulta num aumento da electrofilicidade do átomo de carbono no grupo carbonilo.

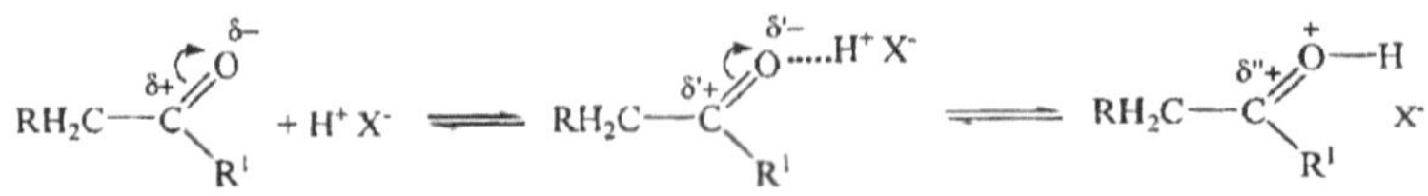

A acetona (CH_3COCH_3) pode sofrer várias reacções químicas com ácidos ou bases.

2.2. Efeito da acetona sobre os ácidos e os álcalis

A compatibilidade química da acetona (C H_{36} O) com outras substâncias é uma consideração importante em reacções e processos. Pertence à classe das cetonas saturadas. Interage com substâncias orgânicas e inorgânicas, formando novos compostos e exibindo várias propriedades. Reage com ácidos, álcalis, alcanos, alcenos e outros compostos orgânicos. Forma uma variedade de produtos com diferentes mecanismos de interação.

1. a interação do ácido sulfúrico (H_2SO_4) com a acetona é frequentemente designada por sulfonação. Nesta reação, o grupo metilo da acetona liga-se ao ácido sulfúrico. Equação de reação:

$$CH_3COCH_3 + H_2SO_4 \longrightarrow CH_3 - CO - CH_2SO_3H + H_2O$$

Forma-se aqui o ácido sulfúrico da acetona (CH_3COCH_2 SO_3H). Esta reação requer apenas ácido sulfúrico forte (concentrado) e deve ser aquecida para que o processo funcione.

2) A reação da acetona com hidróxido de sódio (NaOH) é uma reação de condensação na qual a acetona forma acetato de sódio e álcool metílico (metanol). Este processo é designado por condensação (condensação de aldol) e é descrito pela seguinte equação:

$$2CH_3COCH_3 + NaOH \rightarrow CH_3COCH_2CH_2COCH_3 + Na^+ + OH^-$$

Esta reação produz 4-hidroxi-4-metilpentanona (aldol), que pode depois ser desidratada:

$$CH_3COCH_2CH_2COCH_3 \longrightarrow CH_3 - CO - CH = CH - CO - CH_3 + H_2$$

Nesta reação, a acetona sofre uma condensação de aldol e é depois desidratada.

2.3. Efeito da acetona com acetileno

A adição do acetileno às acetonas é efectuada sob a ação catalítica de um álcali:

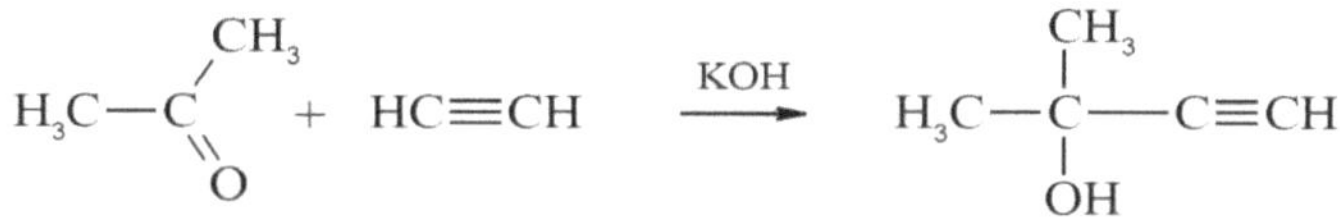

As acetonas estão diferentemente relacionadas com a ação dos agentes oxidantes. Em geral, a reatividade das acetonas é inferior à dos aldeídos porque o grupo carbonilo da molécula de acetona está associado a dois radicais hidrocarbonetos que, tendo um efeito indutor positivo (+I), reduzem a carga parcial positiva ($\delta+$) do carbono carbonilo e diminuem o valor do momento de dipolo do grupo CO. Além disso, a presença de dois radicais na molécula de acetona reduz a disponibilidade do grupo carbonilo para o reagente, tendo em conta o fator estérico (espacial) também explica a reduzida reatividade das acetonas em comparação com os aldeídos.

2.4. Redução da acetona com amálgama de magnésio ou de zinco

3) A acetona é transformada em pinacona com amálgamas de magnésio ou de zinco. As amálgamas de magnésio ou de zinco são normalmente utilizadas nestes processos para formar a pinacona acetonnan. A pinacona é um composto cíclico constituído por dois átomos de oxigénio e este processo desempenha um papel importante na síntese orgânica.

Uma amálgama de magnésio (que é uma mistura de magnésio e mercúrio) é utilizada para converter acetona em pinacona e acetona em pinacona. As condições e o mecanismo da reação são os seguintes

$$2(CH_3)_2CO \xrightarrow{Zn} (CH_3)_2 - C(OH)C(OH) - (CH_3)_2 \qquad yoki$$

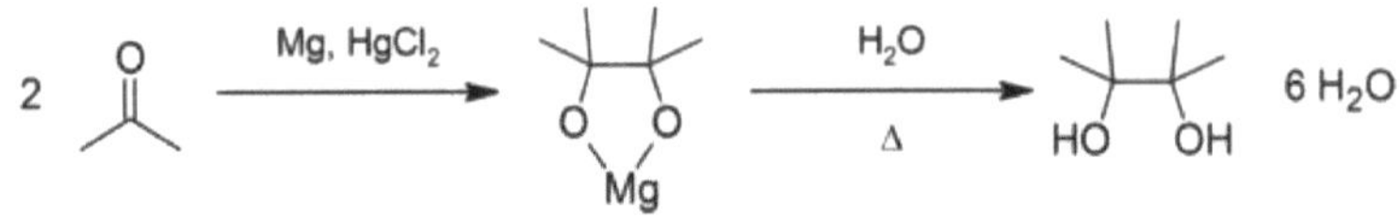

4. A reação de Oppenauer é uma reação química utilizada para oxidar álcoois secundários em cetonas utilizando um catalisador de tri-butilato de alumínio (Albu.). Este processo desempenha um papel importante na química orgânica, uma vez que ajuda a sintetizar compostos orgânicos importantes através da realização de reacções de oxidação-redução.

A reação de Oppenauer envolve os seguintes elementos básicos. O tributilato de alumínio ($AIBu_3$) é utilizado como catalisador no processo, com a oxidação do álcool secundário (R-CH(OH)-R') resultando em cetona (R-CO-R'). A reação de oxidação do álcool secundário em cetonas é expressa da seguinte forma (reação de Oppenauer):

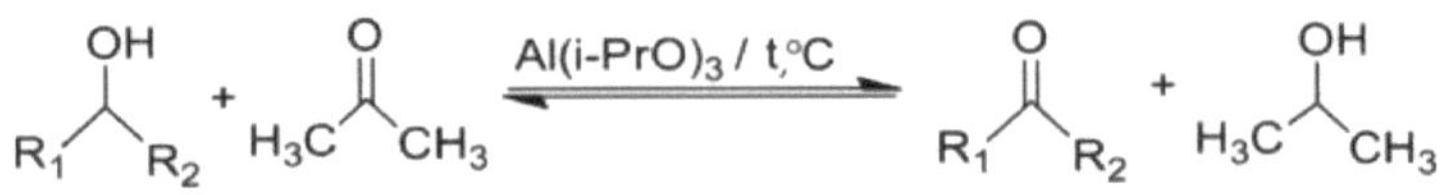

Se for utilizada uma grande quantidade de acetona, a reação é deslocada para a direita porque o tri-butilato de alumínio absorve a humidade e reage, pelo que devem ser criadas condições especiais para realizar a reação.

O aluminohidreto de lítio ($LiAlH_4$) ou o borohidreto de sódio ($NaBH_4$) podem ser utilizados para recuperar acetonas:

$$4\,CH_3-\overset{\overset{CH_3}{|}}{C}=O \quad + LiAlH_4 \longrightarrow (CH_3-\overset{\overset{CH_3}{|}}{C}H-O)_4AlLi$$

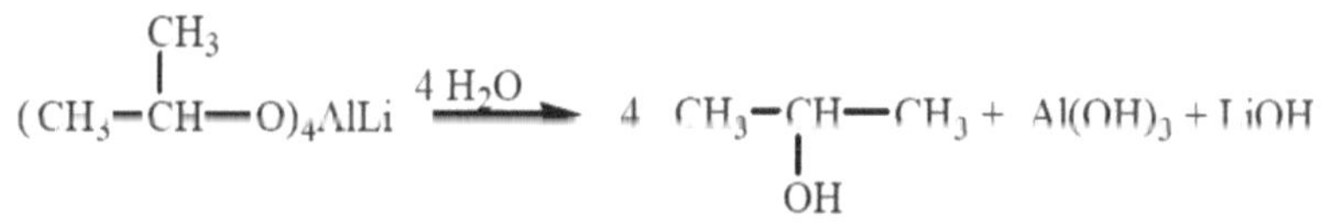

Os álcoois terciários são obtidos por interação de reagentes de Grignard com acetonas:

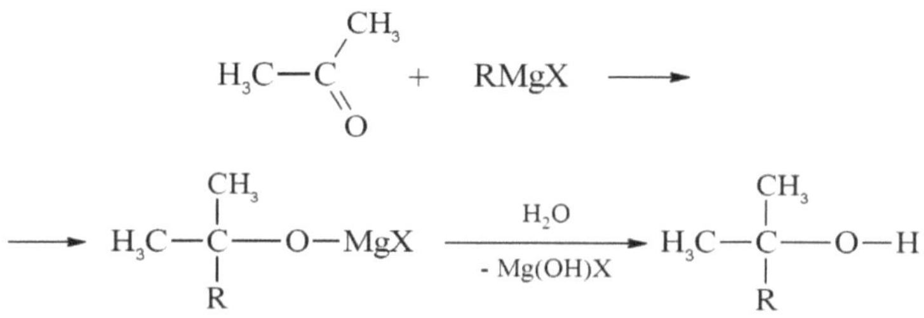

2.5. Efeito do peróxido de hidrogénio na acetona

A ação do peróxido de hidrogénio (H O_{22}) sobre a acetona (CH_3COCH_3) produz diferentes produtos, dependendo das condições de reação. O peróxido de hidrogénio é um forte agente oxidante que reage com compostos orgânicos de diferentes estados de oxidação. A interação da acetona com o peróxido de hidrogénio é normalmente observada nas seguintes situações:

1. A ação do peróxido de hidrogénio sobre a acetona. Reação de oxidação:

A acetona sofre uma reação de oxidação com o peróxido de hidrogénio. Nesta reação, o peróxido de hidrogénio oxida os grupos metilo da acetona. No entanto, a oxidação direta da acetona com peróxido de hidrogénio não é muito forte, pelo que requer condições favoráveis e catalisadores na reação.

A reação da acetona com o peróxido de hidrogénio pode dar origem à formação de peroxislotes (masalan, peróxido de acetilo). Estas reacções são frequentemente realizadas em condições e com catalisadores favoráveis:

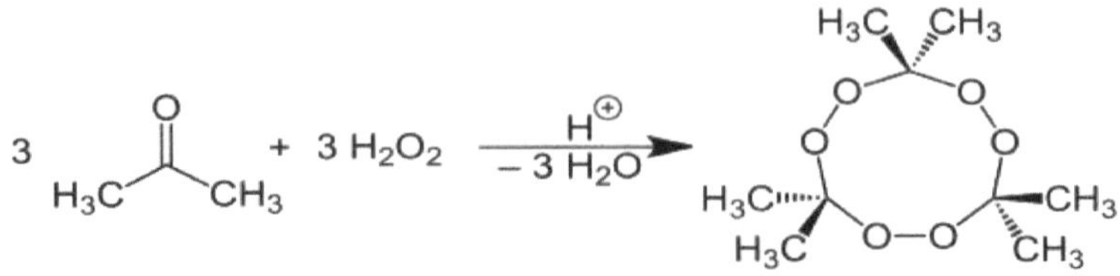

É necessário ter o cuidado de limpar e separar os produtos após a reação. Peróxido de acetilo, utilizado em várias sínteses químicas.

O peróxido de acetilo (CH_3COOOH) é um peróxido orgânico formado pela reação da acetona ($CH_3COCH.$) e do peróxido de hidrogénio (H_2 O). O peróxido de acetilo é utilizado como um agente oxidante forte. Pode participar na oxidação de vários compostos orgânicos. Esta propriedade torna-o útil em síntese química e como reagente.

Embora o peróxido de acetilo seja relativamente estável, pode ser afetado pela temperatura, luz e humidade. Por conseguinte, são necessárias condições especiais para o seu armazenamento. O peróxido de acetilo é um líquido incolor ou amarelo-pálido, nocivo para as vias respiratórias, a pele e os olhos em caso de exposição.

2.6. Peróxido de acetona

O peróxido de acetona (peróxido de acetona), fórmula química - C H O_{9186} - é um explosivo iniciador produzido pela primeira vez por Richard Wolfenstein em 1895.

As primeiras experiências sobre os peróxidos de acetona foram realizadas por Wolfenstein em 1895, quando estudou o efeito do peróxido de hidrogénio sobre a coniina numa solução de acetona, partindo do princípio de que a acetona e o peróxido de hidrogénio não interagem. Wolfenstein verificou que uma mistura de volumes iguais de acetona e de peróxido de hidrogénio a 10% precipitava cristais, que caracterizou como peróxido de acetona trimérico (triperóxido de acetona 2). Verificou também que a reação era mais rápida quando se adicionavam pequenas quantidades de ácido fosfórico.

Em 1899, Adolf Bayer e Victor Williger sintetizaram igualmente o peróxido de acetona dimérico (diperóxido de acetona 1). Em 1933, Lecoq observou a despolimerização do triperóxido de acetona na determinação do seu peso molecular por crioscopia, bem como na fusão. Em 1947, foi estudada a influência dos ácidos na formação de peróxidos de acetona; em particular, observou-se que os ácidos sulfúrico, clorídrico, fosfórico e nítrico aceleram significativamente a oxidação da acetona pelo peróxido de hidrogénio, enquanto que na presença de ácidos orgânicos (acético, benzoico) a formação do produto não ocorre. Até à data, foram obtidos peróxidos de acetona com quatro estruturas

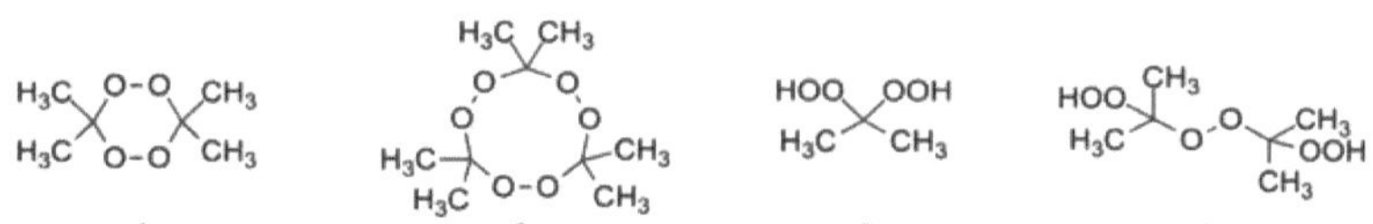

1 2 3 4

Preparação. O peróxido de acetona dimérico (diperóxido de acetona, 1) é obtido com um rendimento de 94% por tratamento da acetona com peróxido de hidrogénio a 86% em acetonitrilo, na presença de ácido sulfúrico a temperatura reduzida. Um outro método de síntese do diperóxido de acetona consiste na reação da acetona com persulfato de potássio em ácido sulfúrico diluído. O peróxido de acetona trimérico (triperóxido de acetona, 2) forma-se nestas reacções como impureza. Para a preparação deste produto, utiliza-se a reação da acetona com uma quantidade equivalente de peróxido de hidrogénio a 50% e 0,25 equivalentes de ácido sulfúrico.

O triperóxido de acetona pode ser purificado por recristalização a baixa temperatura a partir de pentano. A cristalização efectua-se sob a forma de cristais longos, planos e prismáticos. Os peróxidos 3 e 4 podem ser obtidos nestas reacções na ausência de ácido mineral. Por exemplo, uma mistura de acetona e peróxido de hidrogénio a 50%, quando agitada durante três horas a 0°C, dá exclusivamente 2,2-bis(hidroperoxi)propano 3. O aumento do tempo de reação leva à formação do produto 4.

É solúvel em etanol (0,15 g/100 g a +17°C), éter dietílico (5,5), éter de petróleo (7,35), acetona (9,15), dissulfureto de carbono (9,97), piridina (15,4), benzeno (18,0), tricloroetileno (22,7), tetracloreto de carbono (24,8), clorofórmio (42,5), mas insolúvel em água.

Quando aquecido com ácido sulfúrico diluído, o peróxido de acetona é hidrolisado quantitativamente para formar acetona e peróxido de hidrogénio:

$$C_6H_{12}O_4 + 2H_2O \rightarrow 2C_3H_6O + 2H_2O_2$$

Quantidades em miligramas de diperóxido de acetona e triperóxido de acetona são decompostas por ácidos fortes (por exemplo, ácido sulfúrico ou ácido metanossulfónico) em 15 minutos. Uma vez que a reação é exotérmica, a ação de ácidos fortes sobre quantidades de gramas provoca a detonação. Além disso, o triperóxido de acetona é eficazmente destruído pelo cloreto de estanho(II).

Quando produzido com ácido metanossulfónico, ácido perclórico ou ácido sulfúrico, o triperóxido de acetona é espontaneamente convertido em diperóxido de acetona. No entanto, permanece estável quando se utiliza cloreto de estanho (IV), ácido clorídrico ou ácido nítrico.

O triperóxido de acetona e o diperóxido de acetona podem ser detectados ou analisados por cromatografia em camada fina sobre gel de sílica (eluente: tolueno, Rf 0,57 e 0,66, respetivamente, com 1% de difenilamina em ácido sulfúrico concentrado). Foram igualmente seleccionadas as condições de análise por cromatografia gasosa e espetrometria de massa.

1) A oxidação da acetona em condições adversas produz ácido acético, dióxido de carbono e água, uma vez que o ácido fórmico formado nestas condições é oxidado a CO_2 e H_2O:

$$H_3C-\overset{\overset{\large O}{||}}{C}-CH_3 \xrightarrow{O} H_3C-\overset{\overset{\large O}{||}}{C}-OH + CO_2 + H_2O$$

2. Na acetona, durante a oxidação intensa em meio ácido, uma das ligações σ do grupo carbonilo quebra-se e os fragmentos são oxidados em ácidos carboxílicos ou dióxido de carbono. Além disso, como existem duas ligações σ no grupo carbonilo, a quebra é aleatória e forma-se uma mistura de produtos:

$$H_3C \nmid \underset{\underset{\large O}{||}}{C} \nmid CH_2-CH_3 \xrightarrow{[O],\ t^{\circ}} \begin{cases} 2H_3C-C\overset{\nearrow O}{\searrow OH} \\ H_3C-CH_2-C\overset{\nearrow O}{\searrow OH} + CO_2 + H_2O \end{cases}$$

Da mesma forma, a oxidação dura ocorre num ambiente neutro, mas em vez de ácidos, formam-se os seus sais, por exemplo:

$$3H_3C-\underset{\underset{\large O}{||}}{C}-CH_3 + 8KMnO_4 \xrightarrow{t^{\circ}}$$

$$\rightarrow 3H_3C-C\overset{\nearrow O}{\searrow OK} + 2K_2CO_3 + KHCO_3 + 8MnO_2 + 4H_2O$$

2.7. Reacções com halogenetos de fósforo e de enxofre

A acetona interage com halogenetos de fósforo (III e V) e de enxofre. A reação processa-se como uma adição nucleofílica. Como resultado, formam-se derivados hemínicos de dihalogénio, por exemplo:

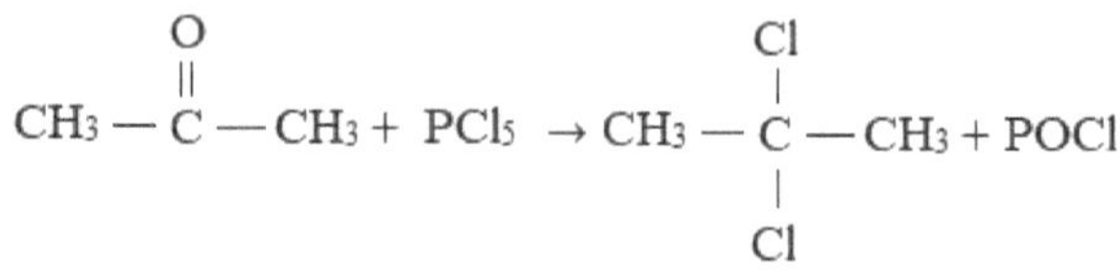

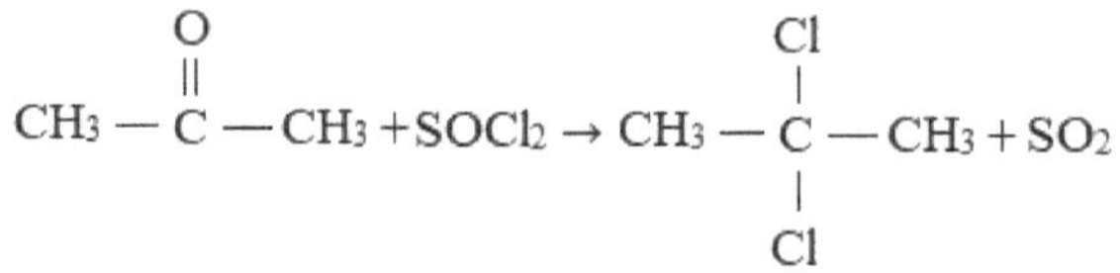

Do mesmo modo, a acetona liga o clorofórmio para formar clorometano, que é utilizado como anti-sético:

$$CH_3COCH_3 + CHCI_3 \longrightarrow (CH_3)_2 - C(OH) - CCI_3$$

A halogenação é mais fácil em meio alcalino do que em meio ácido. Sob catálise alcalina, os produtos de monohalogenação não podem ser isolados, a reação leva à substituição de todos os átomos de hidrogénio no átomo de carbono α, por exemplo:

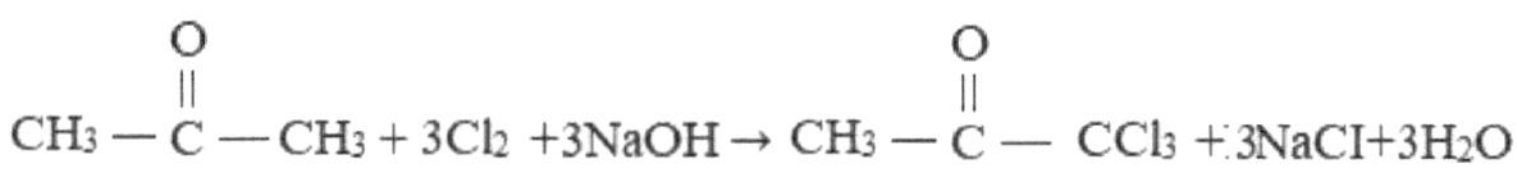

Em excesso de álcali, os derivados triclorados resultantes são hidrolisados para formar haloformio (clorofórmio, bromofórmio ou iodofórmio) e um sal de ácido carboxílico:

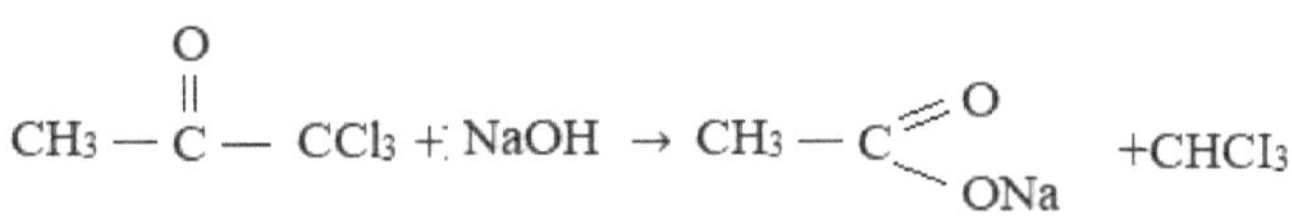

A reação de iodação com halofórmio leva à formação de iodo-forma, que é libertado como um sólido pouco solúvel de cor amarela brilhante com um odor caraterístico. Esta reação é designada por reação com iodofórmio ou ensaio de Lugolo. A reação com halofórmio envolve compostos carbonílicos com o fragmento CH_3 -C(O)R, em que R pode ser hidrogénio ou qualquer outro radical.

2.8. Reação à formação de iodofórmio

Quando a acetona interage com uma solução de iodo num meio de hidróxido, forma-se triiodometano (iodofórmio):

$$I_2 + 2OH^- \longrightarrow IO^- + I^- + H_2O$$

$$3IO^- + CH_3COCH_3 \longrightarrow I_3C\text{-}CO\text{-}CH_3 + 3OH^-$$

$$I_3C\text{-}CO\text{-}CH_3 + OH^- \longrightarrow CHI_3 + CH_3COO^-$$

Adicionar a 1 ml da solução de ensaio uma solução de 1 ml de amoníaco a 10 % e algumas gotas de iodo em iodeto de potássio (tintura de iodo). Na presença de iodo, forma-se um precipitado amarelo de triiodometano com um odor caraterístico, cujos cristais têm uma forma caraterística de seis raios. O limite de deteção é de 0,1 mg de acetona na amostra.

Além disso, quando a acetona (CH_3COCH_3) é combinada com iodo (I_2), o iodo na acetona começa a oxidar. O processo envolve uma reação de iodação com grupos cetona na acetona. A reação de acetona iodada (os grupos cetona na reação) é expressa como

$$CH_3COCH_3 + I_2 \rightarrow CH_3C(OI)CH_3$$

Esta reação mostra a memorização do grupo cetona. A reação ocorre principalmente através da ligação de uma solução de iodo à acetona e da alteração do grupo carbonilo (C=O) na iodo-acetona.

Reação de Santos: A reação da acetona com o iodo produz uma série de reacções importantes, incluindo a reação de Santos (acetilcetona iodada). Esta reação é representada da seguinte forma:

$$CH_3COCH_3 + I_2 + NaOH \rightarrow CH_3COCH_2I + NaI + H_2O$$

Aqui, ocorre a iodação do grupo metilo na acetona, resultando em acetilo iodado (CH_3COCH_2I).

A reação da acetona com uma solução de iodo é muito utilizada em análises químicas e experiências laboratoriais. Este processo é utilizado para formar grupos funcionais de iodeto (masalan, iodeto de acetilo), importantes em muitas sínteses orgânicas.

2.9. Hidratação da acetona

A reação de ligação da água à acetona desempenha um papel importante em muitos processos químicos. Um dos principais processos é a hidratação de cetonas e aldeídos. A reação da acetona com a água é um processo simples de acoplamento da água (hidratação), e a reação da acetona com a água é uma reação comum para as cetonas.

De acordo com a atividade em reacções de adição ao grupo carbonilo, os primeiros representantes de aldeídos e cetonas estão dispostos em fila:

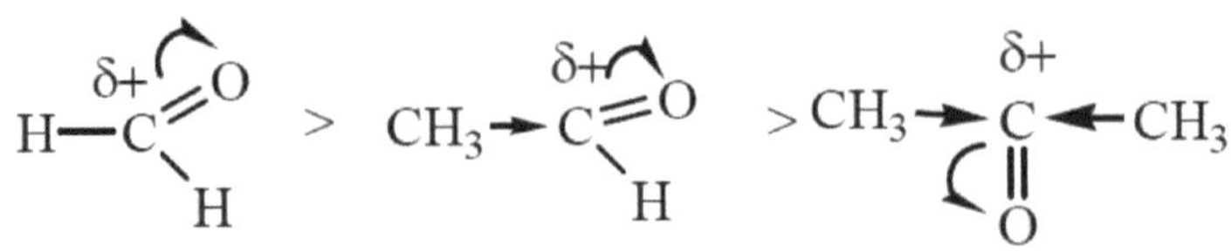

Este padrão é explicado pela carga δ+ no átomo de carbono do grupo carbonilo. A maior carga δ+ no átomo de carbono do formaldeído, os grupos alquilo de outros aldeídos, bem como as cetonas, devido ao efeito +I, extinguem parcialmente esta carga.

A acetona (C_3H_6O) e a água (H_2O) reagem para formar hidrato de acetona (C_3H_6O-H_2O). Esta reação pode variar e é normalmente expressa como:

$$C_3H_6O + H_2O \rightarrow C_3H_6O \cdot H_2O$$

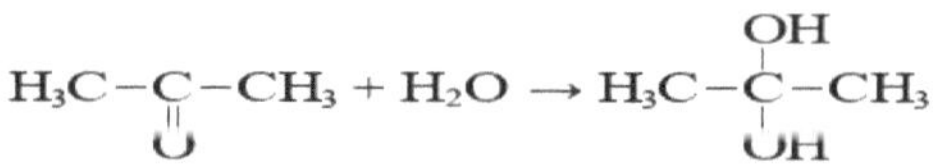

A acetona é solúvel em água? Qual é a reação entre a acetona e a água? A água é um solvente universal, caracterizado por ser polar e abundante. As propriedades únicas da água fazem dela um excelente solvente para muitos solutos. Lembre-se que o semelhante dissolve o semelhante; os solventes polares dissolvem solutos polares. A maioria dos compostos orgânicos são conhecidos por serem não polares e hidrofóbicos. Mas será que a acetona se dissolve em água? A acetona é solúvel em água? Para que a acetona seja solúvel em água, tem de ter algum grau de polaridade.

O grupo carbonilo é constituído por um átomo de oxigénio e um átomo de carbono. A diferença de eletronegatividade entre estes dois átomos é significativa. O oxigénio, o átomo mais eletronegativo, aproxima os pares de electrões partilhados, dando-lhe uma carga negativa parcial. O carbono é menos eletronegativo; tem uma carga positiva parcial porque os electrões estão mais próximos do oxigénio do que do carbono. Esta distribuição desigual de electrões torna a acetona uma molécula polar. O átomo de oxigénio também é capaz de formar ligações de hidrogénio com as moléculas de água vizinhas, resultando na formação de uma solução homogénea de água e acetona. A acetona é miscível porque se dissolve completamente em água. A acetona dissolve-se em água para formar o diol geminal, que é C H O_{382} .

Os asetões reagem com a água para produzir 1,1-dióis, ou dióis *germinativos (gem)*. A reação de hidratação é reversível e um gemodiol pode eliminar água para regenerar um aldeído ou uma cetona.

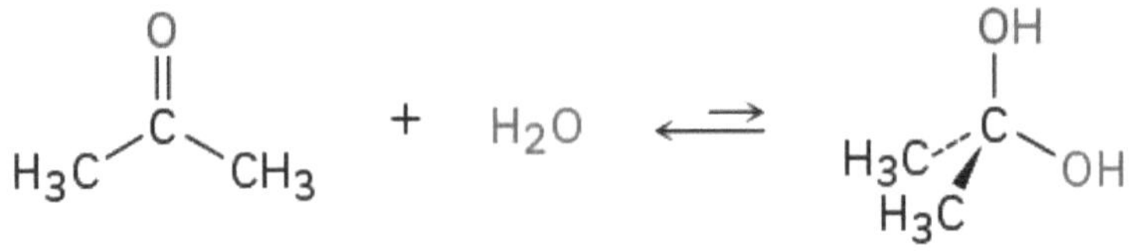

2.10. Reação da acetona com fenol

Reação da acetona com o fenol. Quando a acetona reage com o fenol, formam-se p,p[1] -di-hidroxifenilalcanos:

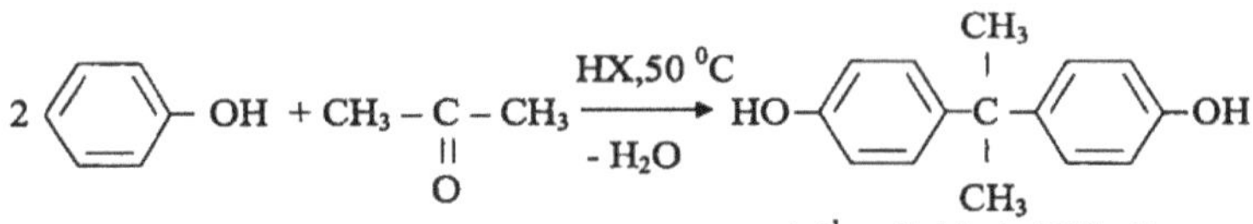

4,4[1] – digidroksidifenilpropan

O 4,41-di-hidroxidifenilpropano é utilizado no fabrico de polímeros epoxídicos.

Os polímeros epoxídicos ou resinas epoxídicas são materiais poliméricos que contêm grupos epoxídicos (-O-). Os polímeros epoxídicos são amplamente utilizados e a sua utilização em muitas indústrias está relacionada com a qualidade e as propriedades dos materiais. Os polímeros epoxídicos têm propriedades de elevada dureza e tolerância. São resistentes a muitas reacções mecânicas e químicas e são amplamente utilizados nos sectores da construção e da indústria em colas, revestimentos e betão de dureza variável.

2.11. Acoplamento nucleofílico ao grupo carbonilo e reacções no estado α

A acetona é uma das cetonas mais reactivas. É uma das poucas cetonas que formam um composto de bissulfito:

$$CH_3COCH_3 + NaHSO_3 \longrightarrow (CH_3)_2 - C(OH) - SO_3Na$$

As reacções de acoplamento da acetona com cianetos formam principalmente cianoidrina. As cianoidrinas são formadas pela reação de compostos de carbonilo com iões cianeto. Este é um exemplo de uma reação de acoplamento nucleofílico. Analisaremos o mecanismo da reação em mais pormenor. A acetona (CH_3COCH_3) e os iões cianeto (CN^-) reagem para formar ciano-hidrina:

$$CH_3COCH_3 + HCN \longrightarrow CH_3 - C(OH) - CH_3 + CN^-$$

O átomo de carbono no grupo carbonilo da acetona actua como um agente de ataque nucleofílico (CN-), retirando-o de um átomo de oxigénio de elevada eletronegatividade. Os iões cianeto (CN-) são nucleófilos fortes e ligam-se ao átomo de carbono electrofílico do grupo carbonilo. Após o ataque nucleofílico de um ião cianeto, o átomo de carbono do grupo carbonilo perde um par de electrões para o átomo de oxigénio. Isto resulta numa estrutura instável: $CH_3C(OH)CH_3$

Durante a reação, o átomo de oxigénio do grupo carbonilo forma vários grupos hidroxilo moleculares. O grupo hidroxilo é então formado para dar cianohidrina:

$$CH_3C(OH)CH_3 + CN^- \rightarrow CH_3C(OH)CH_3 + HCN$$

A reação de iões cianeto em acetona utilizando reacções de acoplamento nucleofílico para formar cianoidrinas é amplamente utilizada em laboratórios químicos e em sínteses industriais.

Ácido acetónico é o nome que Staedler deu ao ácido C H O483 que obteve em 1853 a partir da acetona com ácido prússico:

$$\left.\begin{matrix} CH_3 \\ CH_3 \end{matrix}\right\} CO + CNH + HCl + 2H_2O = \left.\begin{matrix} CH_3 \\ CH_3 \end{matrix}\right\} C\,(OH)\ COOH + NH_4Cl$$

Consoante o método de formação, este ácido é também designado por: ácido oxi-isobutírico (termo mais utilizado), pois é obtido pela ação da barite sobre o ácido bromoisobutírico (Markovnikov); ácido dimetoxálico - segundo o método de formação a partir do oxalato de metilo e do metilo de zinco (Frankland e Duppa); ácido butil-lático - segundo o método de formação por oxidação do butileno e do amilenoglicol (Wurs). O ácido é um prisma higroscópico, sublimando a 50°C e fundindo a 79°C. Ponto de ebulição 212°; quando oxidado com uma mistura de crómio, dá ácido carbónico, ácido acético e acetona.

Quando a acetona reage com sódio metálico ou amida de sódio, forma-se álcool isopropenílico:

$$2CH_3{-}CO{-}CH_3 + 2Na \longrightarrow 2CH_2{=}C(ONa){-}CH_3 + H_2$$
$$CH_3{-}CO{-}CH_3 + NH_2Na \longrightarrow CH_2{=}C(ONa){-}CH_3 + NH_3$$

A presença de uma carga positiva significativa no átomo de carbono do grupo carbonilo afecta o comportamento dos átomos de hidrogénio localizados no átomo de carbono adjacente ao grupo carbonilo (átomo de carbono □). Estes átomos de hidrogénio são mais facilmente removidos da molécula como protões do que outros. Uma manifestação desta relação é a reação de enolização:

aseton enol form

2.12. Reacções da acetona com amoníaco, hidroxilamina e hidrazina

Reage com acetona, amoníaco e hidrogénio na presença de um catalisador de níquel ou cobre para formar aminas. Este processo é designado por síntese de Gibson e é amplamente utilizado na síntese de aminas. É utilizado para formar aminas a partir de compostos carbonílicos de fórmula geral R_2 CO.

1.Aseton (CH_3COCH_3) amoníaco (NH_3) e hidrogénio (H_2) nikel (Select) ou catalisador de cobre (Cu) ao entrarem na reação com diizopropilamina ($(NH_2)_2CHNHCH_2$) irão produzir. A reação é realizada da seguinte forma

$$CH_3-CO-CH_3+NH_3+H_2\xrightarrow{Ni}CH_3-CH(NH_2)-CH_3+H_2O$$

A reação ocorre geralmente a uma temperatura de 125-175°C e a uma pressão de 5-10 atmosferas. O processo de formação de aminas através da síntese de acetona, amoníaco e hidrogénio na presença de um catalisador de níquel ou cobre é amplamente utilizado em laboratórios de química orgânica e na produção industrial. É um dos métodos mais eficazes e económicos de síntese de aminas.

Aseton (CH_3COCH_3) gidroksilamin (NH_2OH), gidrazina (N_2H_4) e az podem ser N_2H_4) para entrar na reação, respetivamente oks e az permitirão fazer gidrazonlar. Abaixo está um mecanismo completo e condições para estas reacções.

2. Reação da acetona com a hidroxilamina. A acetona reage com a hidroxilamina formando um óxido:

$$CH_3-CO-CH_3\xrightarrow{H_2NOH}\underset{acetone\ \ oxide}{(CH_3)_2C=NOH}+H_2O$$

O átomo de azoto nucleófilo da hidroxilamina liga-se ao átomo de carbono do grupo carbonilo da acetona. A reação é realizada à temperatura ambiente ou a baixa temperatura, utilizando uma solução diluída de hidroxilamina. Os ácidos são utilizados como catalisadores para acelerar a reação. 3. reação com hidrazina. A acetona reage com a hidrazina para dar origem a uma hidrazona.

$$CH_3COCH_3 + N_2H_4 \rightarrow CH_3C(=NNH_2)CH_3 + H_2O$$

As reacções da acetona com hidroxilamina, hidrazina e azinas desempenham um papel importante na síntese de produtos químicos orgânicos, e estes compostos têm propriedades químicas diferentes e são utilizados na investigação aplicada e na indústria.

Reação de redução

A acetona sofre uma reação de redução na presença de hidrogénio e de um catalisador de Ni ou Pt para produzir álcoois isopropílicos.

$$H_3C-\underset{\underset{O}{\|}}{C}-CH_3 + H_2 \xrightarrow{Ni} H_3C-\underset{\underset{OH}{|}}{CH}-CH_3$$

2.13. Reacções de condensação

Em meio alcalino, sofre uma condensação de aldol para formar álcool diacetónico:

$$2(CH_3)_2CO \xrightarrow{OH^-} (CH_3)_2C(OH)CH_2C(O)CH_3$$

A exposição a ácido sulfúrico ou clorídrico concentrado resulta em trimetilbenzeno simétrico (mesiteno) quando três moléculas de acetona se condensam:

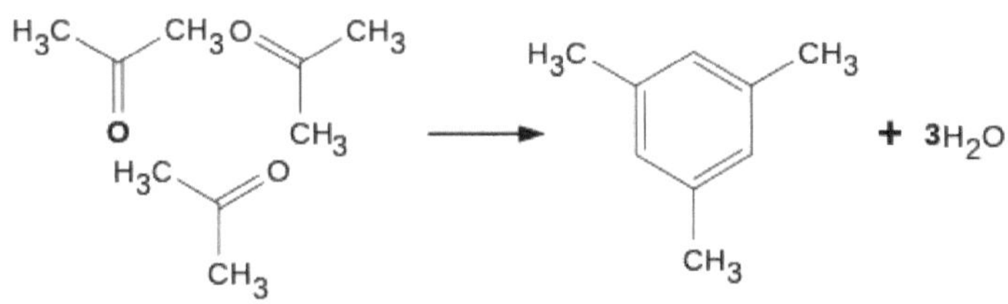

A acetona pirolisa para formar ceteno (700°C):

$$(CH_3)_2CO \rightarrow CH_2=C=O + CH_4$$

Métodos de deteção da acetona. A análise quimio-toxicológica utiliza reacções com iodo, nitroprussiato de sódio, furfural, soluções de O nitrobenzaldeído e o método de microdifusão para determinar a acetona.

Reação com nitroprussiato de sódio. Em meio alcalino, a acetona reage com o nitroprussiato de sódio, dando origem a uma cor vermelha avermelhada. A acidificação com ácido acético dá origem a uma cor púrpura. As cetonas cujas moléculas não têm grupos metilo diretamente relacionados com os grupos cetona (CO-) não dão origem a esta reação. Assim, as cetonas como a metiletilcetona, a metilpropilcetona e outras também apresentam uma cor vermelha com o nitroprussiato:

$$CH_3-CO-CH_3+Na_2[Fe(CN)_5NO]+2NaOH \longrightarrow$$
$$Na_4[Fe(CN)_5ON=CHCO-CH_3]+2H_2O$$

Adicionar 1 ml de uma solução de hidróxido de sódio a 10 % e 5 gotas de uma solução de nitroprussiato de sódio a 1 % recentemente preparada à solução de ensaio de 1 ml. Na presença de acetona, a amostra apresenta uma coloração vermelha ou laranja. Se se adicionar uma solução de ácido acético a 10% a uma reação ácida, a cor muda para vermelho-violeta ou vermelho-cereja após alguns minutos. Note-se que a butanona dá uma cor semelhante à do nitroprussiato de sódio.

2.14. Utilização industrial e laboratorial da acetona

A acetona é utilizada como matéria-prima para a síntese de muitos produtos químicos importantes, como o anidrido acético, o ceteno, o álcool diacetónico, o óxido de mesitilo, a metil-isobutil-cetona, o metacrilato de metilo, o difenil-propano, a isoforona, o bisfenol A, etc. Exemplo:

$$CH_3-CO-CH_3+2C_6H_5OH \longrightarrow (CH_3)_2C(C_6H_4OH)_2$$

Este último é amplamente utilizado na síntese de policarbonatos, poliuretanos e resinas epoxídicas.

A acetona é também um solvente popular. Em particular, é utilizada como solvente

-na produção de tintas

-no fabrico de explosivos;

-no fabrico de medicamentos;

-a celulose como solvente para o acetato e a celuloide como parte da cola para películas;

- como componente para a limpeza de superfícies em vários processos de fabrico;

-como meio de limpeza de ferramentas e superfícies de espuma de montagem em latas de aerossol.

O acetileno sem acetona não pode ser armazenado em estado compacto (diluído e em garrafas), que é altamente explosivo sob pressão pura. Para este efeito, são utilizados recipientes com um material poroso impregnado de acetona. 1 litro de acetona permite dissolver até 250 litros de acetileno. A acetona é também utilizada para extrair muitas substâncias à base de plantas.

Aplicações laboratoriais

Em química orgânica, a acetona é utilizada como solvente polar aprótico, especificamente na reação de alquilação:

$$ArOH + RCl + K_2CO_3 \longrightarrow ArOR + KCl + KHCO_3$$

Obtido por oxidação de álcoois na presença de álcoois de alumínio na síntese de Oppenauer:

$$R - R' - CH - OH + CH_3 - CO - CH_3 \longrightarrow RR' - CO + (CH_3)_2CH - OH$$

A acetona é utilizada para preparar banhos de arrefecimento misturados com "gelo seco" e amoníaco líquido (arrefecido a -78°C).

Em condições laboratoriais

A acetona, com a sua baixa toxicidade, dissolve-se bem em água para lavar pratos químicos. A dimetilcetona é utilizada para secar tubos de ensaio, frascos e outros recipientes. A acetona desempenha um papel importante na oxidação de álcoois no processo de inserção numa molécula de substituinte alquílico.

A dimetilcetona é combinada com amoníaco líquido, gelo seco e 78°C para formar banhos de arrefecimento. As propriedades da dimetilcetona e o seu baixo custo permitem a utilização de um agente cáustico em muitas áreas da atividade humana.

Na indústria

As empresas não estarão completas sem acetona técnica, que é fornecida em tanques, garrafas e barris, corantes nitro, produção de esmalte. O verniz de fundição de propanona, de evaporação rápida, seca instantaneamente, forma uma película elástica e é utilizado em fábricas de calçado, na indústria aeronáutica e em empresas automóveis.

Na produção, a acetona pode ser utilizada em grande escala nas seguintes áreas

Perfumaria; Produtos farmacêuticos; Têxteis; Películas.

Na indústria alimentar, a dimetilcetona é utilizada na produção de aditivos que melhoram o sabor de produtos de panificação e doces, na separação de extractos e na produção de vários óleos. A acetona está envolvida na síntese de água de toilette, água de colónia, compostos aromáticos adicionados ao perfume, pelo que é encomendada por empresas de perfumes.

As fábricas de têxteis e de vestuário necessitam de acetona para neutralizar a lã e as peles para o processamento da nitrocelulose, a partir da qual é feita a viscose. A nitrocelulose (a forma nitrada da celulose) é utilizada na produção de viscose. A acetona é utilizada na preparação da nitrocelulose para dissolução e posterior utilização, mantendo o estado desejado da celulose. A acetona é também utilizada para remover a sujidade e outras substâncias da superfície do pelo.

A propanona volátil está incluída nos meios de tingir tecidos, aplicar padrões, padrões de impressão.

Como componente auxiliar, a acetona está presente nos analgésicos e é utilizada na indústria farmacêutica para extrair muitos extractos de plantas, extractos básicos, para produzir películas aplicadas em suturas e feridas.

Os fabricantes compram acetona técnica: Borracha, fibra de vidro, produtos domésticos.

Muitas outras indústrias não estariam completas sem ela - a eletrónica, a pólvora, a produção de tinta. Não se compra um litro de acetona, mas uma tonelada às empresas que fabricam cigarros.

Na vida quotidiana

Mais barata do que um tira-nódoas, remove vestígios de tinta dos tapetes e da roupa sem danificar o tecido e limpa silicone congelado, cola seca e cera. Em vez de utilizar solventes caros, desengordure as superfícies metálicas com acetona antes de pintar cerâmica, betão e madeira. Para remover riscos de azulejos e laminados, humedeça uma toalha de papel com o produto e limpe suavemente. Para remover manchas de café ou chá, deite 2 colheres de chá de solvente no vidro e limpe a mancha com uma esponja.

Os proprietários de automóveis adicionam propano ao depósito de gasolina para melhorar o desempenho do motor. A acetona remove camadas de carbono depositadas em velas, superfícies, etc.

Limpeza

A acetona técnica contém geralmente água, por vezes álcoois e outros agentes redutores. Verificar a presença de agentes de recuperação:

Adiciona-se 1 gota de solução de permanganato de potássio a 10 ml de acetona (1:1000); após 15 minutos, a acetona é seca com potássio anidro (cerca de 5% do peso da acetona), a mistura é aquecida durante várias horas com um condensador invertido, vertida para outro balão e destilada sobre um novo secador. O sódio metálico e os álcalis são considerados inadequados para a secagem da acetona.

Para utilização como solvente na oxidação de substâncias orgânicas com permanganato de potássio, destila-se acetona na presença de uma pequena quantidade de permanganato de potássio (até que a solução apresente uma cor púrpura estável) e adiciona-se potássio anidro para eliminar a água. Obtém-se acetona muito pura por decomposição do aditivo acetona e do produto da adição de bissulfito de sódio ou de acetona e iodeto de sódio.

Dissolver 100 g de iodeto de sódio anidro em 440 ml de acetona seca, recentemente destilada, aquecendo em banho-maria. A solução resultante é arrefecida a -8°C e adicionada. Durante o aquecimento, o aduto decompõe-se, a acetona separada é removida, seca com cloreto de cálcio anidro e novamente destilada para proteger da humidade.

Um dos principais riscos quando se trabalha com acetona é a sua inflamabilidade. A temperatura de ignição espontânea é de +465°C, a temperatura de combustão é de -20°C. As misturas de ar entre 2,5% e 12,8% (em volume) são explosivas. Este facto deve ser tido em conta, pois a acetona evapora-se rapidamente e a nuvem resultante pode espalhar-se para longe da fonte de acetona (calor ou faísca).

Metabolismo

A acetona é um metabolito natural produzido pelos organismos dos mamíferos, incluindo o corpo humano. No sangue, geralmente 1-2 mg/100 ml de acetona, a quantidade diária de urina é de 0,01 - 0,03 g, parte da acetona é convertida em monóxido de carbono (IV), que é excretado com o ar expirado, parte com a urina e secreções da pele.

Em medicina, a acetona é um dos corpos cetónicos e uma perturbação do metabolismo simples, como a diabetes mellitus, conduz a uma situação denominada acetonúria. A acetonúria é a presença de cetonas (acetona) na urina. A cetonúria pode ocorrer em doentes com diabetes, durante o jejum ou após vómitos graves, como resultado da oxidação parcial das gorduras. A presença de corpos cetónicos pode ser detectada adicionando à urina algumas gotas de uma solução de nitroprussiato de sódio e amoníaco a 5%, enquanto a coloração gradual vermelho-púrpura da urina indica a sua presença na urina.

A acetona é tóxica. De acordo com os dados, o MPC da acetona é de 200 mg/m^3 (média de 8 horas) e 800 mg/m^3 (utilização única máxima). De acordo com vários estudos, por exemplo, o limiar olfativo médio é ~3 vezes superior ao CPM máximo descartável e ~12 vezes superior ao CPM médio variável. Ao mesmo tempo, para alguns trabalhadores, o limiar pode ser muito mais elevado do que a média (por exemplo, acima de 30 e 120 MPC, respetivamente). O limiar olfativo médio no estudo foi mesmo superior a 11.000 ppm (28.000 mg/m^3), 140 vezes superior ao PPM médio.

A acetona é uma substância tóxica mas não perigosa (nível de risco IV, categoria de segurança sanitária NFPA - 1). Muito irritante para as mucosas: a inalação prolongada de concentrações elevadas de vapor provoca inflamação das mucosas, inchaço dos pulmões e pneumonia tóxica. Tem um efeito aditivo fraco, frequentemente acompanhado de disforia. Em caso de ingestão, a fraqueza e as tonturas, muitas vezes acompanhadas de dores abdominais, provocam um estado de intoxicação; ocorre uma intoxicação grave, embora o envenenamento por acetona não seja geralmente fatal. São possíveis danos no fígado (hepatite tóxica), nos rins (diminuição da urina, sangue e proteínas na urina) e coma. Quando inalada, a acetona é libertada muito mais lentamente (em poucas horas) do que quando ingerida e pode, por isso, acumular-se no organismo.

2.15. Produção industrial e purificação da acetona

Industrialmente, a acetona é obtida por hidratação do propileno seguida de desidrogenação do álcool isopropílico resultante ou da decomposição do hidroperóxido de isopropilbenzeno (cumol). A acetona de propileno contém misturas de água, álcoois alifáticos, aldeídos (solução de ácido acético), ésteres (acetato de dietilo, acetato de etilo), cetonas (metiletilcetona), bem como extractos utilizados para separar a acetona das massas de reação. A acetona obtida pelo método cumol contém misturas de fenol, aldeídos, metanol, óxido de mesitilo, hidroxiacetona, α-metilestireno, acetofenona, cumilfenóis, difenildimetilcarbinol (carbinol), ácidos orgânicos, fenóis de ponto de ebulição elevado e outras substâncias de ponto de ebulição elevado.

A purificação do acetato de butilo, da água, dos aldeídos, dos álcoois, dos ácidos orgânicos e de outras impurezas é efectuada por retificação na presença de um reagente alcalino, como uma solução alcalina de metal alcalino, frequentemente NaOH, que pode ser misturada com $H O_{22}$ para estes fins. O grau de pureza do produto final obtido por este método é determinado pelo "tempo constante", que pode ser superior a 4 horas.

Para além dos hidróxidos de metais alcalinos, são propostos outros compostos químicos pelo método de purificação em combinação com a retificação e o processamento químico da acetona: Hidróxidos de CA e

Ba, que reduzem o teor de CH_3 COOH de 0,03 para 0,016% em peso, aldeídos de 100 para 60 mg/l, compostos peróxidos de 0,16 para 0.003% em peso, na presença de $KMnO_4$ soda, tensioactivos como o dodecilbenzeno sulfonato de sódio, silicatos de metais terrosos; permutadores de aniões contendo grupos de amónio, que induzem a condensação aldólica de misturas de aldeídos, formam substâncias com elevado ponto de ebulição, que são facilmente removidas por retificação.

A retificação extractiva é utilizada para separar a acetona da água, e a retificação extractiva aquosa pode ser utilizada como uma das etapas de um processo em várias etapas para a destilação da acetona produzida pela hidratação do propileno. Além do álcool isopropílico anidro, também são oferecidos extractores para separar a água da acetona pelo método de extração líquida: etilenoglicol, dietilenoglicol, monoetanolamina, bem como essência de ácido acético, cada um dos quais não será difícil de adquirir. Para a purificação profunda da acetona técnica a partir de impurezas orgânicas, são propostos principalmente métodos de sorção. Por exemplo, o tratamento da acetona com zeólitos a AT $t<20°C$ purifica a acetona da água, metanol, aldeídos, ácidos orgânicos e ésteres. No processo de secagem e purificação, verificou-se que se formam misturas indesejáveis de óxido de mesitilo e álcool diacetónico.

2.16. Mecanismo de formação da acetona a partir do álcool etílico

Na literatura, a síntese da acetona a partir do álcool etílico é objeto de trabalhos separados. Para obter acetileno simultaneamente a partir de acetileno-acetona (56,7%) e acetaldeído (32,8%), foi preparada uma composição catalítica e uma tecnologia de extração baseada em óxido de zinco, óxido cúprico e bentonite na matéria-prima local. Foi demonstrado que a utilização do catalisador desenvolvido aumenta a conversão do acetileno em 17,5%, reduz a temperatura da reação para 580°C e aumenta o tempo de processamento para 60% antes da regeneração. A relação entre a formação de acetaldeído e de acetona é determinada pela sua dependência da quantidade de substâncias contidas no catalisador.

A fim de obter acetileno simultaneamente a partir de acetileno-acetona (56,7%) e acetaldeído (32,8%), foi desenvolvida uma composição catalítica e uma tecnologia de extração baseada em óxido de zinco, óxido cúprico e bentonite na matéria-prima local. Foi demonstrado que a utilização do catalisador desenvolvido aumenta a conversão do acetileno em 17,5%, reduz a temperatura da reação para 580°C e aumenta o tempo de processamento para 60% antes da regeneração. O rácio de formação de acetaldeído e acetona é determinado pela quantidade de substâncias contidas no catalisador.

Nos países desenvolvidos, a acetona é produzida principalmente de três formas:

1. Oxidação e desidratação do álcool isopropílico.
2. Oxidação do isopropilbenzeno (processo cumol).
3. oxidação do propileno.

Nos países da CEI MDH, a acetona não é produzida por oxidação do propileno. Se a acetona for obtida por desidrogenação do álcool isopropílico na fase de vapor, uma mistura de álcool e vapor de ar é passada sobre um catalisador metálico a altas temperaturas. Durante a oxidação ocorrem também reacções secundárias:

$$\begin{matrix} CH_3 \\ CH_3 \end{matrix}\!\!> CHOH + 0{,}5O_2 \longrightarrow CH_3COCH_3 + H_2O$$

Durante a oxidação também ocorrem reacções secundárias:

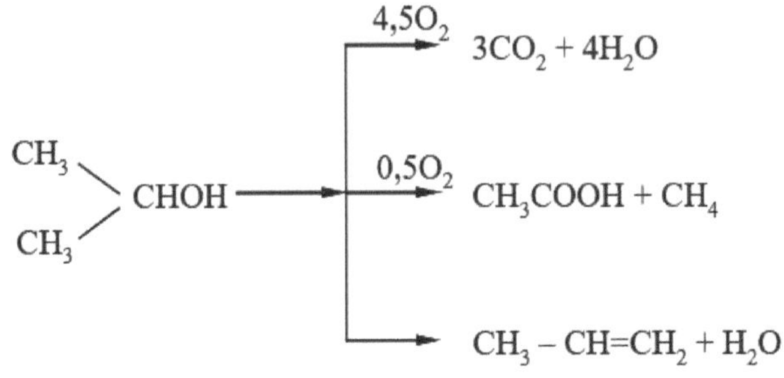

Este processo foi amplamente estudado por vários investigadores e foi introduzido na produção. Um dos métodos mais promissores de produção de acetona é o método do cumeno. Neste processo, os principais produtos são o fenol e a acetona.

Embora a desidrogenação oxidativa e a produção de acetona pelo método do cumeno sejam muito mais bem compreendidas, a falta de uma matéria-prima de base significa que estes métodos não podem ser amplamente adoptados pela indústria. No caso do Uzbequistão, a abordagem mais interessante é a obtenção de acetona por hidratação direta do acetileno através da decomposição do ácido acético ou do álcool etílico. No entanto, o fornecimento insuficiente de matérias-primas para o ácido acético e o álcool etílico também impede a satisfação das necessidades locais de matérias-primas da nossa república. A OJSC "Navoiyazot" possui instalações de pirólise para a produção de acetileno com uma capacidade de 30 mil toneladas por ano em 1964. A produção de acetona por hidratação direta de acetileno nas condições do Uzbequistão é a mais promissora. Após 1995, surgiram na literatura vários trabalhos dedicados à produção de acetileno por hidratação direta do acetileno na presença de catalisadores heterogéneos. Foram estudados, nomeadamente, compostos de cádmio e de zinco com óxidos de crómio e de ferro.

Foram efectuados estudos sobre a síntese de acetona a partir de FEA. Quando os vapores de álcool etílico são passados através de um catalisador misturado com vapor de água e contendo 54% de óxidos de ferro e crómio, 8% de óxido de cobre sedimentar e 38% de carbonato do cálcio sedimentar a uma temperatura de 400-425°C, obtém-se acetona com um rendimento de 98% da teoria de acordo com o esquema:

$$2C_2H_5OH + H_2O \longrightarrow CH_3 - CO - CH_3 + CO_2 + 4H_2$$

850 l/h de álcool etílico (20%) Produtividade do catalisador por 1 m^3 de catalisador. O tempo de vida do catalisador é de 400 horas, após as quais recupera a sua atividade inicial após 3 horas de reativação com uma mistura vapor-ar a uma temperatura de 400-420°C. A síntese da acetona a partir do FEA foi estudada na presença de catalisadores de zinco-crómio-alumínio (SXA) e de ferro-sincrómio-alumínio (JSXA) (Tabela 1).

Tabela 1.

Composição e principais propriedades texturais dos catalisadores utilizados

№	Composição, massa, % e designação	Superfície específica m /g ^{2}	Resistência mecânica, kg/cm^2	A libertação de acetona, %	Conversão do etanol, %
1	ZnO-10,0 Cr O_{23} -10,0 Al O_{23} -80,0 (SXA-1)	180	52	72	85
2	ZnO-10,0 Fe O_{23} -5,0 Cr O_{23} -5,0 Al O_{23} -80,0 (JSXA-1)	176,8	58	85	90
3	ZnO-5,0 Fe O_{23} -5,0 Al O_{23} -80,0 (JSXA-2)	153	60	80	96
4	ZnO-10,0	165	55	76	93

	ZnF_2 -3,0 Cr O_{23} -3,0 Al O_{23} -84,0 (SXA-2)				
5	ZnO-3,0 AlF_3 -3,0 Cr O_{23} -4,0 Al O_{23} -80,0 (JSXA-3)	203	53	88	95

A atividade dos catalisadores sintetizados foi testada num reator de aço inoxidável com dimensões de dvnxl=21×1000 mm e um volume de fundição do catalisador de 100 cm3, a uma temperatura de 360-460°C. Durante o estudo, foram investigados os efeitos da temperatura, do caudal, da fração mássica de álcool etílico (EAF) na água, da composição do catalisador, etc., na libertação de acetona. O efeito da temperatura na emissão de acetona foi estudado no intervalo de 360-460°C. A análise termodinâmica bruta do processo sugere que a reação de formação da acetona a partir do álcool etílico tem um efeito endotérmico (DH = 30,65 kcal/mol), o que significa que a reação é acompanhada pela absorção de calor. (DS298° = -23,81 cal/mol) (Tabela 2).

Quadro 2

Efeito da temperatura na produção de acetona (catalisador SXA-1, V_{gen} =0,8 horas^{-1} ;

C H_{25} OH : H_2 O 1:4)

№	Temperatura, C^0	A libertação de acetona, %	Conversão do etanol, %
1	360	53	60
2	380	60	75
3	400	73	86
4	420	85	90

5	440	90	93
6	460	62	96

Com base nos dados experimentais obtidos, propusemos o seguinte mecanismo para a formação de acetona a partir de álcool etílico.

1. O etanol é adsorvido na superfície do catalisador

$$CH_3 - CH_2OH + K \longleftrightarrow K \cdot CH_3 - CH_2 - OH$$

2) Na presença de óxido de zinco, o etanol é desidrogenado em acetaldeído:

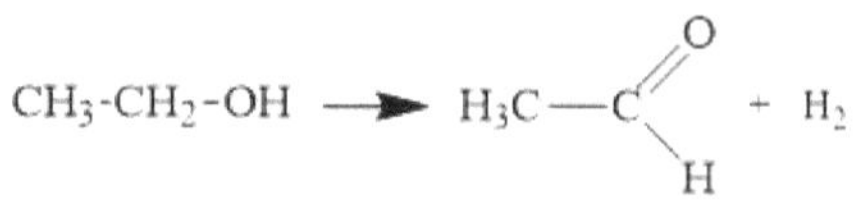

O acetaldeído condensa-se para formar 3-oxibutanol (aldol) e aldeído de Croton:

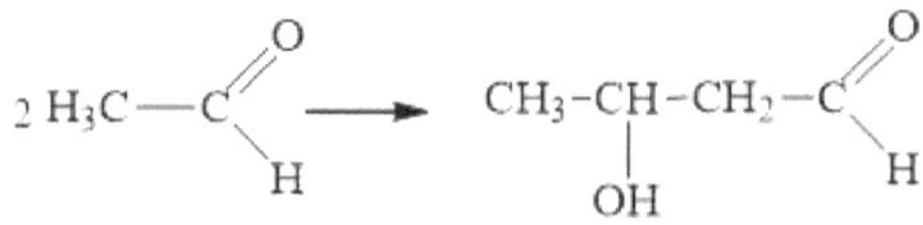

A hidrólise do 3-oxibutanal resulta em álcoois de três átomos:

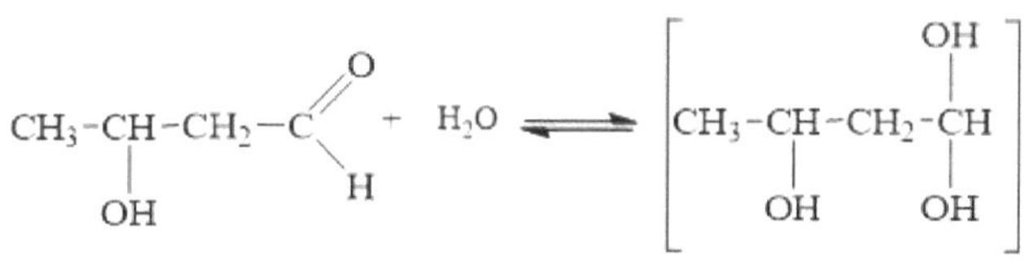

Como resultado da desidratação e decomposição do álcool triatómico, forma-se a acetona:

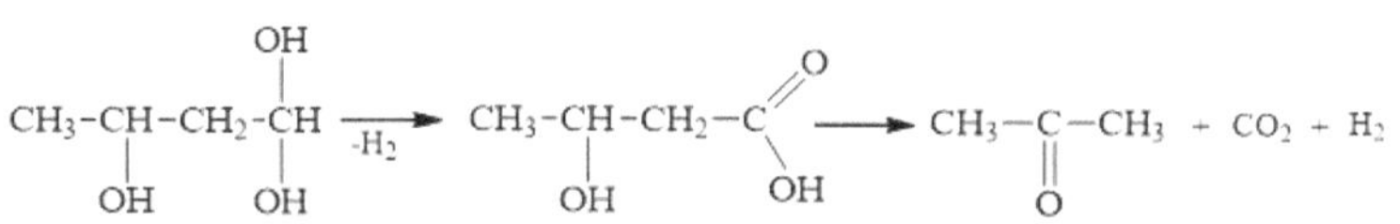

Assim, foi estudada a reação de formação da acetona a partir do álcool etílico e foram determinadas algumas leis do processo.

CAPÍTULO III. SÍNTESE DA ACETONA E REGRAS DE SEGURANÇA NA ARMAZENAGEM E APLICAÇÃO DA ACETONA

3.1. Síntese da acetona

Uma forma possível de purificar a pirólise do metilacetileno e do aleno, que estão presentes na fração metilacetileno-aleno, é a sua hidratação em acetona. A realização desta hidratação fraccionada é o principal processo que permite melhorar os indicadores técnicos e económicos no cálculo da utilização de produtos adicionais e satisfazer parcialmente as necessidades de acetona da indústria local ou de todo o complexo químico. A reação é descrita pela seguinte equação:

$$CH_3\,C \equiv CH + CH_2 = C = CH_2 + H_2\,O \rightarrow CH_3\,COCH_3 + 166{,}7\ \text{kJ/mol}$$

A reação para a formação de acetona a 320-400^0 C na presença de um catalisador de cádmio-fluoroalumínio foi também estudada pelas reacções de hidratação das fracções de metilacetileno e metilacetileno-alen. Esta taxa de reação foi encontrada como sendo 22 mol/(l · h) a uma temperatura de 330^0 C e uma razão acetileno:água de 1:2.

Foi também estudada a reação de hidratação do fenilacetileno na presença de um catalisador contendo cádmio-fluoroalumínio, promovido com 5% de AlF_3 . Na presença deste catalisador, o rendimento do produto da reação para dar acetofenona por hibridação do fenilacetileno foi teoricamente de 90-92% a 300-4000c.

Em anos posteriores, foi desenvolvido um método para obter butina-2-diol-1,4 a partir de acetileno e formaldeído em condições de pressão atmosférica com um rendimento de reação de 80% e superior. Em seguida, é de grande interesse hidratar o butino-2-diol-1,4 em butanondiol-1,4 e obter butantriol a partir deste.

Foi então estudada uma reação de hidratação em fase gasosa do butino 2 diol 1,4 a 300 1000c na presença de um catalisador de SNM 1 (56,0% CuO, 28,0% ZnO, 16,0% Al O_{23}). Quando uma solução de 27% de butano-2-diol-1,4 em água foi transferida sobre o catalisador SNM-1 a 300-400^0 C (taxa de volume 0,3-0,5 h-1), obteve-se butano-2-diol-1,4 teórico com 80-94% de unum. Os principais indicadores das reacções de hidratação do acetileno e seus derivados e a composição dos catalisadores utilizados são apresentados na Tabela 3.

Quadro 3.

Principais indicadores das reacções de hidratação do acetileno e dos seus derivados e composição dos catalisadores utilizados

№	Primeiro componente	Composição do catalisador, %	O produto principal e o rendimento teórico da reação, %	Convers ão inicial de compone ntes,%
1	≡ CHCH	20,0 % CdF_2 5,0 % AlF_3 75,0 % Al O_{23}	Acetaldeído, 80,0-85,0	85,0 - 90,0
2	$_3$ CHC≡ CH	20,0 % CdF_2 5,0 % AlF_3 75,0 % Al O_{23}	Acetona, 85,0-90,0	90,0 - 95,0
3	$_{22}$	20,0 % CdF_2 5,0 % AlF_3 75,0 % Al O_{23}	Acetona, 80,0-90,0	90,0 - 95,0
4	$_6$ CH_5 C≡ CH	20,0 % CdF_2 5,0 % AlF_3 75,0 % Al O_{23}	Acetofenona, 90,0-92,0	90,0 - 95,0
		15,0 % ZnO	Acetona,	

5	≡ HCCH	5,0 % Fe O_{23} 70,0 % Al O_{23}	80,0-85,0	80,0 - 90,0
6	CH_2 (OH)C≡ $CHCH_2$ (OH)	56,0 % CuO 28,0 % ZnO 16,0 % Al O_{23}	Butanonediol-1,4, 80,0-94,0	85,0 - 95,0

Com base nos estudos efectuados, foi desenvolvida a tecnologia para a coprodução de acetona e acetaldeído. A figura 5 mostra um esquema tecnológico para a co-síntese de acetona e acetaldeído.

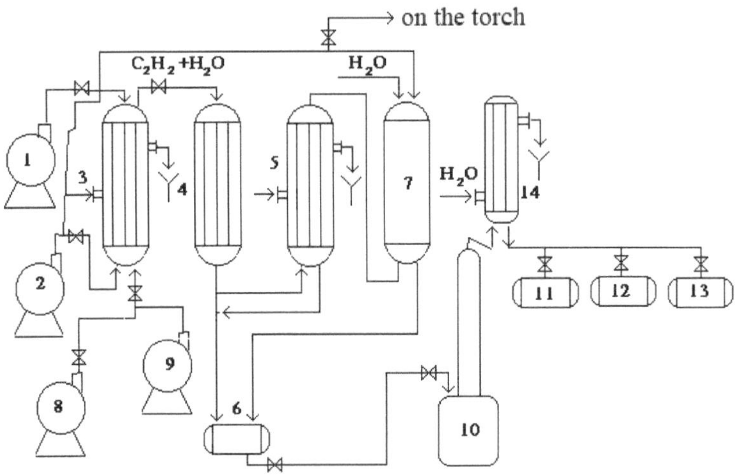

Figura 5. Esquema tecnológico para a co-síntese de acetona e acetaldeído

De acordo com o esquema, a quantidade necessária de água (1) é enviada para o permutador de calor (2). Aí, a água é aquecida a 353-358

K. Na fonte de acetileno, o acetileno é injetado no permutador de calor a uma pressão de 0,12 0,15 MPa.

O vapor de acetileno gasoso, saturado com vapor de água, entra no reator onde se encontra o catalisador e é aquecido a 633 K sob a forma de uma mistura.

A reação é exotérmica. A acetona, o acetaldeído e outros produtos da reação são separados das substâncias gasosas por lavagem com água. A mistura vapor-gás que sai do reator é injectada num permutador de calor (5) onde o catalisador é condensado. A parte não condensada é enviada para a coluna de absorção (7). A parte condensada do catalisador passa do permutador de calor e da coluna para um recipiente especial para catalisadores (6) e daí para a coluna de retificação (10).

Na coluna de retificação, o acetaldeído é seguido pela acetona. O acetaldeído é separado do aldeído, do paraldeído, da água e de outras substâncias. A fração de metilacetileno-aleno, que contém um total de 20% (em volume) de aleno e metilacetileno, é misturada com vapor de água, a temperatura de síntese com os gases de reação emitidos pelo reator é aquecida no permutador de calor a 340^0 C e mergulha na cavidade tubular no topo do reator tubular. Os tubos são preenchidos com um catalisador de fosfato de cálcio e cádmio e diluídos por uma bomba. Um fluido de transferência de calor a alta temperatura é injetado no espaço entre os tubos. A conversão total de metilacetileno e aleno é de 92%.

A massa de reação é removida do fundo e arrefecida. A fase gasosa cai no purificador com condensado para separar a acetona do gás. O fundo do purificador é humedecido com água em circulação. A fração de propano, juntamente com os resíduos de metilacetileno e acetona, emerge do topo do purificador e é enviada para a coluna de retificação para separar a acetona.

A acetona sai no topo da coluna, enquanto a água no cubo é devolvida ao processo como vapor, passando pelo evaporador.

3.2. Métodos de obtenção de acetona em laboratório

Preparação e propriedades da acetona. Juntar 0,1 g de acetato de sódio desidratado (se não houver acetona pronta no laboratório, tomar mais do que os reagentes) salgado a um tubo de ensaio seco e fechar bem o tubo com uma sonda munida de uma mola condutora de gás. Baixar a extremidade do tubo até ao fundo do coletor de tubos com 8-10 gotas de água. Aquecer o tubo com sal, mantendo-o na horizontal. A acetona formará uma solução no coletor, uma vez que se dissolve bem na água. Observar o odor específico da acetona:

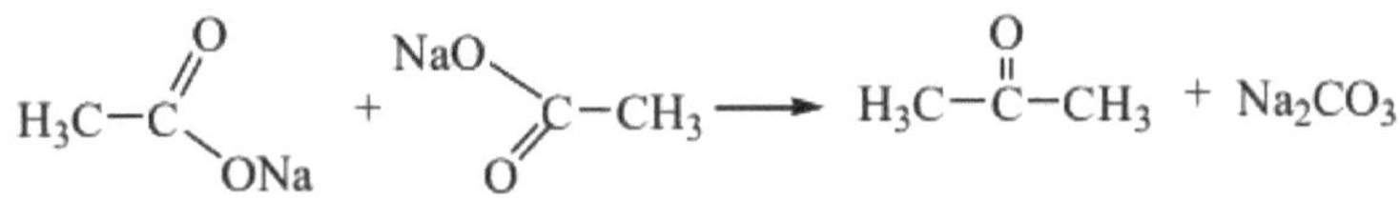

Quando o tubo aquecido tiver arrefecido, pingar nele uma solução concentrada de ácido clorídrico. Observa a separação dos gases. Que gás é este?

a) Tomar algumas gotas de uma solução de acetona em água e adicionar uma solução de iodo em iodeto de potássio e algumas gotas de álcali. Observar a formação de um sedimento de iodofórmio:

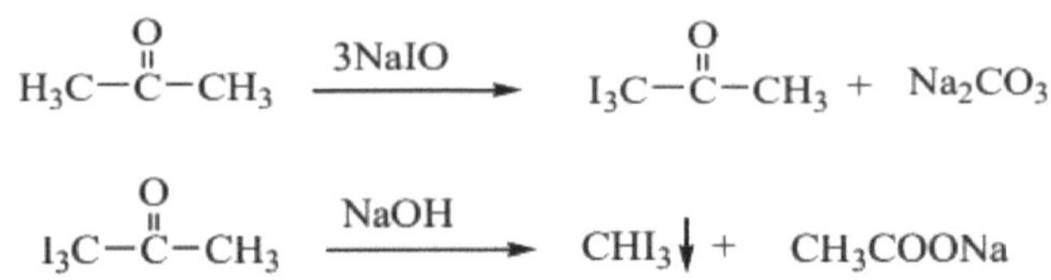

Colocar 2 ml de gotas de acetona num copo de porcelana e fazer corresponder a chama. Presta atenção à cor da chama:

C) Aplicar a acetona nas duas extremidades da peça de Kinoplenka, colá-las e manter durante algum tempo. Observar se as extremidades da película se mantêm coladas depois de a acetona se ter evaporado. Limpar cuidadosamente o tecido onde o óleo ou a tinta entraram em contacto com a película com algodão embebido em acetona. Certifique-se de que a mancha de óleo ou de tinta desapareceu. Esta propriedade da acetona deve-se à sua capacidade de dissolver facilmente várias substâncias orgânicas.

g) Colocar 0,5 ml de acetona no tubo de ensaio e adicionar 2 gotas de nitroprussiato de sódio $Na_2 [Fe(CN)_5 (NO)]$ e 3-4 gotas de solução de soda cáustica (10%). Verificar se a cor da solução é vermelha. Trata-se de uma reação qualitativa com a acetona.

Bromação da acetona. (Deitar 0,5 ml de uma solução de bromo em cloreto de carbono (IV) no tubo de ensaio e adicionar duas gotas de acetona pura. Aquecer um pouco a mistura. Observar a descoloração da solução de bromo. Tomar uma gota da solução, pingá-la sobre o papel de filtro e deixá-la em repouso durante algum tempo. Tenta cheirar o líquido que fica no papel. (Atenção! A bromacetona tem a propriedade de produzir lágrimas:

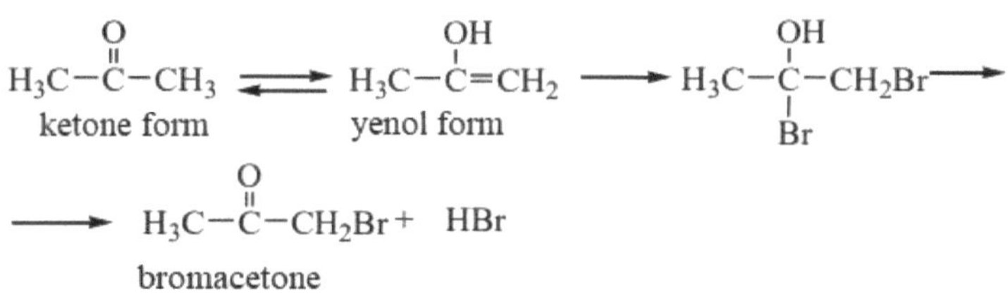

Preparação da acetoxima Num tubo de ensaio grande, misturar 7 ml de água, 2 g do sal formado pela hidroxilamina e pelo ácido clorídrico e

1,5 g de carbonato de sódio desidratado para formar uma solução homogénea. Arrefecer a solução em água fria e adicionar 1,5 ml de acetona pura. Observar a aceleração da evolução do gás e a formação de cristais brancos:

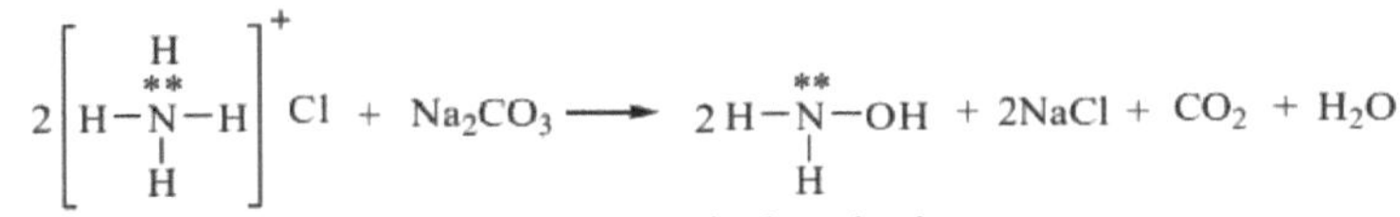

hydroxylamine salt hydroxylamine

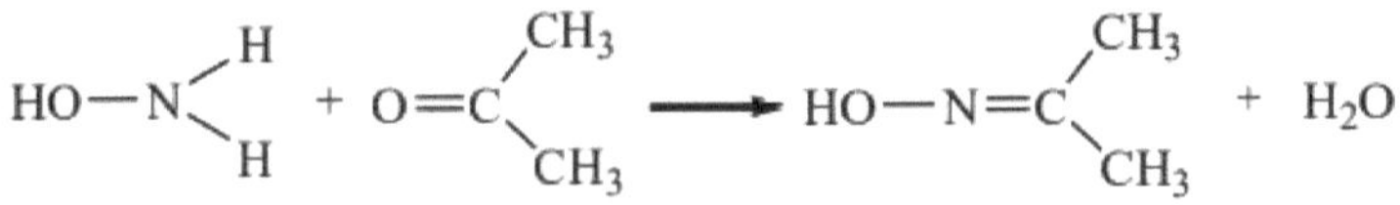

acetoxime

Transferir a solução sobre o precipitado para outro tubo de ensaio e secar os cristais entre papéis de filtro. Dissolver a oxima obtida em água, álcool ou éter e verificar se se dissolve bem nestes solventes. 10. Efeito da acetona sobre o hidrossulfito de sódio. Colocar 2 ml de acetona num tubo de ensaio, adicionar 3 ml de solução de hidrossulfito de sódio e agitar enquanto arrefece em água gelada. Esfregar as paredes do tubo com uma vareta de vidro se não se formarem cristais. Observar a queda do precipitado branco.

$$NaHSO_3 \rightleftharpoons Na^+ + HSO_3^- \rightleftharpoons H^+ + SO_3^{2-}$$

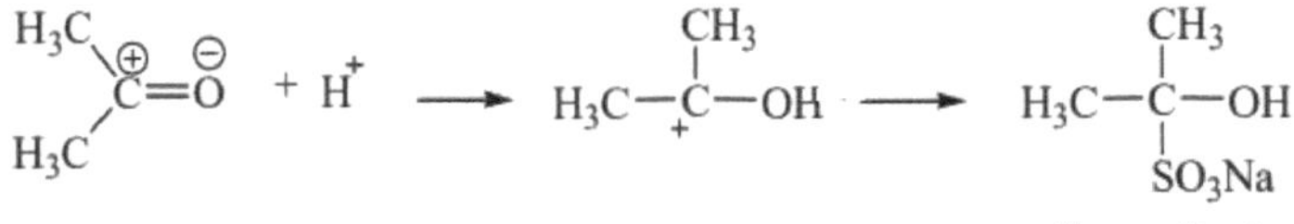

sodium salt of α-oxysulfonic acid

Transferir a solução sobre os cristais para outro recipiente e secar os cristais, colocando-os entre papéis de filtro.

a) Coloque dois pedaços de cristal num tubo de ensaio, adicione ácido clorídrico concentrado a um e alcalino ao outro e aqueça os tubos. Observe que, em ambos os casos, o cheiro de acetona é libertado:

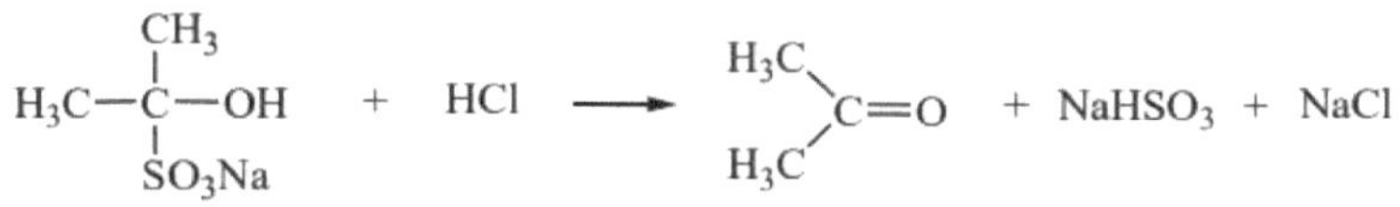

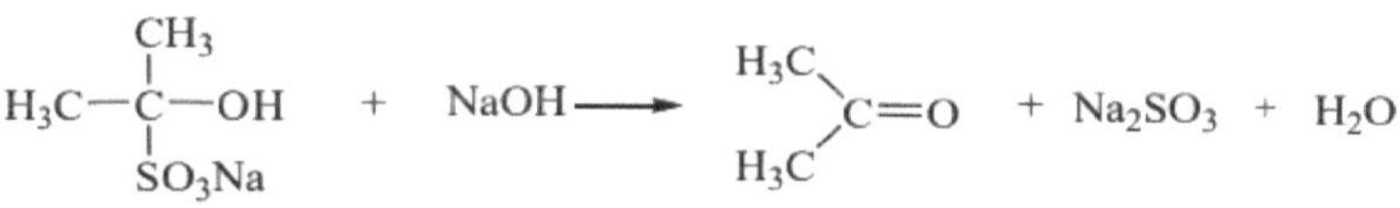

b) colocar 1 pedaço de cristal no tubo de ensaio e aquecer. Preste atenção ao facto de sair o cheiro a acetona:

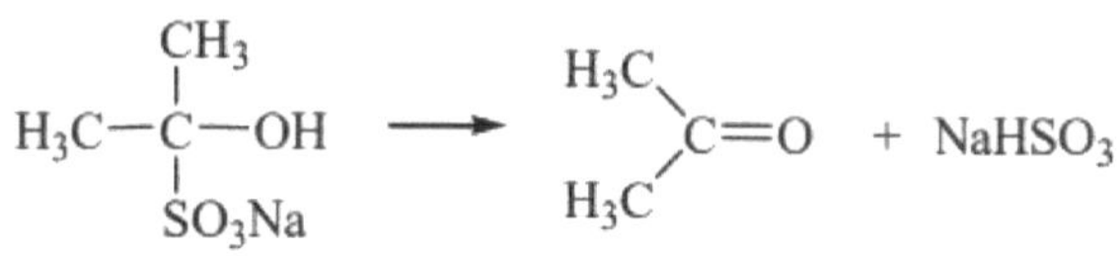

Os compostos de bissulfito são utilizados para facilitar a cristalização quando se separam aldeídos e cetonas de outras substâncias para formar bissulfito, para o qual se adiciona hidrossulfito de sódio à mistura. O aldeído-cetona precipita. Quando o precipitado é separado e aquecido na presença de um álcali ou de um ácido, forma-se um aldeído ou uma cetona inicial.

Reagentes: 20 ml de álcool isopropílico, 22 g de bicromato de sódio, ácido sulfúrico (d=1,84 g/ml). Deitar 20 ml de álcool isopropílico num tubo redondo de 200 ml equipado com um condensador e um funil de decantação, utilizando uma rolha de dois bicos. Em seguida, num copo mais pequeno, dissolvem-se 22 g de bicromato de sódio em 60 ml de água e adicionam-se gradualmente 18 ml de ácido sulfúrico consensual. Colocar a mistura de crómio resultante num funil de decantação e verter cuidadosamente para o balão, pouco a pouco (1-2 ml). Logo que se deita a primeira parte, inicia-se uma reação violenta e a mistura no balão começa a ferver.

Antes de verter a porção seguinte, é necessário aguardar um ligeiro abrandamento da reação, que aumenta rapidamente. Quando todo o cromato tiver sido adicionado, o tubo é aquecido num banho de água em ebulição durante 10 minutos. A mistura reacional é então arrefecida, o fluxo de retorno do refrigerante é inclinado para baixo para troca com um refrigerante morto e a acetona é conduzida num banho de água. Uma fração que ferve a 55-58°C é adicionada ao balão, que é previamente pesado. A quantidade de acetona é de cerca de 10 g. A acetona (dimetilcetona, propanona) é um líquido incolor, límpido e com um odor específico que se mistura com a água em qualquer proporção. Massa molecular - 58,08 g/mol; ponto de ebulição - 56,24°C; d2°4=0,7908; d2OD=l,3590; temperatura de liquefação - 95,35°C.

3.3. Destilação seca do acetato de cálcio (preparação laboratorial)

A acetona é produzida em laboratório por destilação seca de acetato de cálcio anidro.

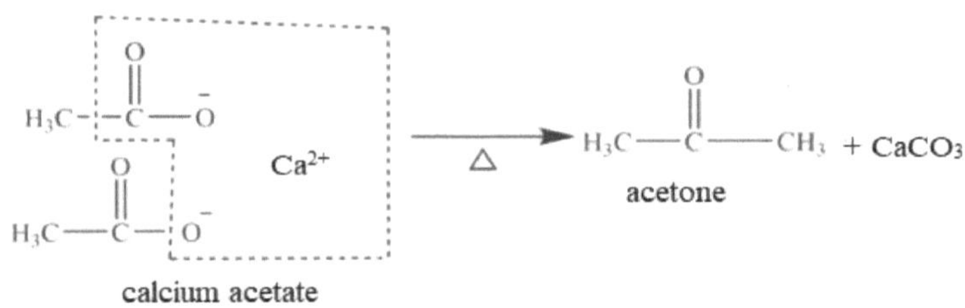

Numa retorta de vidro equipada com um condensador e um recipiente, aquecem-se 30-40 gramas de acetato de cálcio e uma quantidade igual de acetato de sódio. Formam-se vapores de acetona, que são condensados em acetona líquida através de um condensador. O recipiente de recolha recolhe a acetona. A acetona produzida não é pura e é purificada por agitação com uma solução saturada de bissulfito de sódio, seguida da separação dos cristais de sal de bissulfito de sódio da acetona (Fig. 6). Para obter a acetona pura, o cristal é primeiro limpo, aquecido com carbonato de sódio, seco sobre cloreto de cálcio anidro e depois destilado a uma temperatura de 56^0 C.

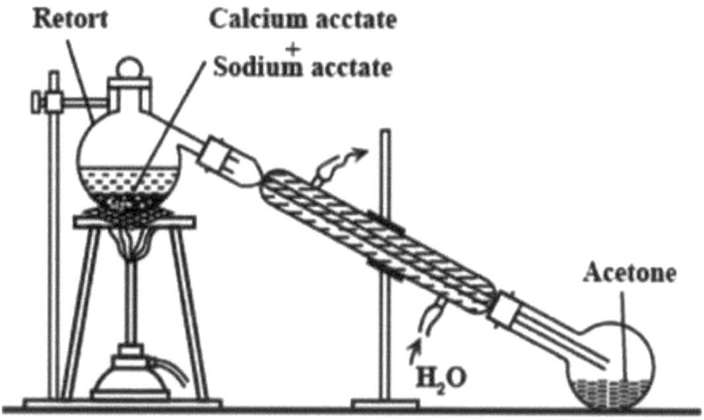

Figura 6. Esquema da síntese de acetona a partir de acetato de cálcio

3.4. Produção de acetona por oxidação de álcool isopropílico

A acetona (propanona) é um líquido transparente e incolor, com um odor caraterístico, miscível com a água em todos os aspectos. T. ebulição. 56^0 C; d_4^{20} 0,7908; n_D^{20} 1,3590.

Reagentes: Álcool isopropílico 1,56 g (2 ml), bicromato de potássio 1,7 g, ácido sulfúrico (ρ=1,84 g/cm^3) 3,8 ml.

Equipamento: Balão de fundo redondo de 50 ml, frigorífico de bolas (invertido), pipeta graduada de 2 ml, provetas de 2 ml, provetas de 2 ml e 10 ml, copo químico de 50 ml, 2 peças, fogão elétrico, banho-maria, unidade de destilação simples.

1-aparelho de aquecimento

2 frascos

Frigorífico de 3 vias

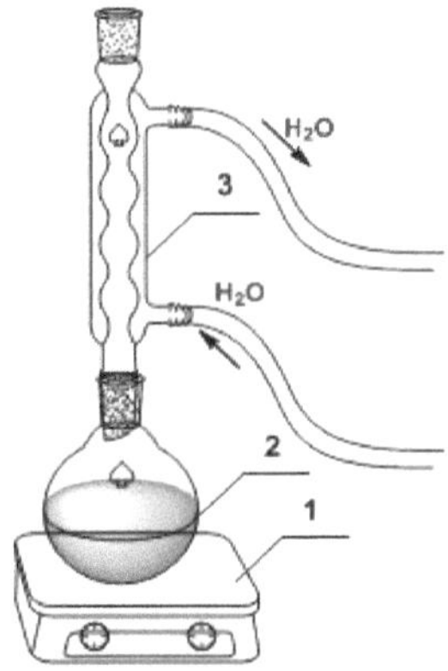

Figura 7. Aparelho de síntese de acetona

Pipetar 2 ml de álcool isopropílico para um balão de fundo redondo de 50 ml e ligar o balão a um condensador de refluxo (Fig. 7). Num copo pequeno, dissolver 1,7 g de dicromato de potássio em 6 ml de água. Adicionar cuidadosamente 1,8 ml de ácido sulfúrico concentrado à solução (utilizando uma proveta graduada ou uma pipeta de 2 ml). A solução resultante da mistura de crómio é vertida gradualmente no balão com uma pipeta, através de um frigorífico. Quando se adicionam as primeiras gotas, o conteúdo do balão entra em ebulição.

Antes de adicionar a porção seguinte do agente oxidante, é necessário esperar que a reação abrande. Quando toda a mistura de cromo tiver sido adicionada, o balão é aquecido durante 10 minutos num banho de água. Em seguida, o condensador de refluxo é substituído por um condensador direto e a fração que ferve entre 55 e 58^0 C é destilada num banho de água (Fig. 8). Instalação para destilar a acetona da massa de reação

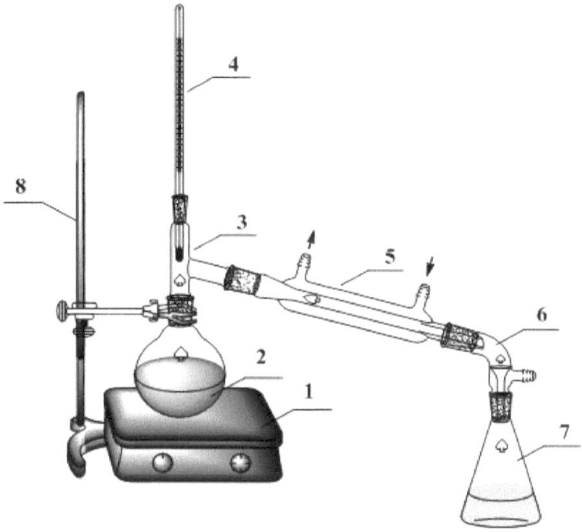

Figura 8. Aparelho para destilar acetona num banho de água

1 - aquecedor, 2 - balão de fundo redondo, 3 - bico, 4 - termómetro, 5 - condensador reto, 6 - alongador, 7 - recipiente, 8 - suporte

A presente invenção diz respeito a um método para a hidrogenação da acetona, mais precisamente um método para a hidrogenação da acetona em isopropanol.

A acetona é um produto que tem uma vasta gama de aplicações técnicas e pode ser obtida de forma orientada, por exemplo, através da oxidação do propeno ou como um produto de conjugação na síntese de fenol de Hook.

Na síntese do fenol em Hook, obtém-se uma molécula de acetona para uma molécula de fenol. As opções de consumo do fenol e da acetona são muito diferentes; por exemplo, na síntese do bisfenol A, o fenol e a acetona são consumidos numa proporção de 2:1. Um possível produto derivado da acetona é o isopropanol, que tem uma gama muito mais alargada de utilizações. Uma parte significativa do isopropanol é convertida em éteres, em particular os éteres diisopropílico e terc-butílico isopropílico.

A conversão da acetona em isopropanol é geralmente efectuada por hidrogenação catalítica. Para produzir éteres de isopropanol, na maioria dos casos é utilizado um método combinado de hidrogenação e esterificação. Por exemplo, os pedidos de patentes europeias EP 0694518, EP 0665207, EP 0652200 e EP 0661257 revelam processos para a preparação de vários éteres isopropílicos. Comum a estes pedidos de patente é o seguinte diagrama de método:

(a) Hidrogenação catalítica de uma fase líquida contendo acetona,

(b) Esterificação do isopropanol assim obtido em sistemas de catalisadores ácidos.

As etapas a) e b) seguem diretamente uma após a outra, ou seja, sem separar a mistura de produtos obtida na etapa a).

Além disso, o pedido de patente europeia EP 0665207 relata um processo de fase única em que as etapas (a) e (b) são realizadas num catalisador dedicado num único reator.

O isolamento do isopropanol após a fase de reação (a) é muito difícil devido à formação de subprodutos (os métodos são concebidos para produzir éteres isopropílicos).

O análogo mais próximo da invenção é um método para a hidrogenação da acetona em isopropanol, descrito na patente europeia EP 0379323, em que a acetona é sujeita a hidrogenação catalítica com a utilização obrigatória de um reator do tipo irrigação a uma temperatura entre 20 e 200°C e a uma pressão entre 1 e 80 bar. Os reactores de tipo aspersão são utilizados para criar uma grande superfície de transferência de massa entre o líquido e o gás. Por conseguinte, devem ter uma grande superfície de irrigação. A qualidade do isopropanol obtido, ou seja, a quantidade de subprodutos, não é considerada.

Para muitas aplicações, o isopropanol não deve conter subprodutos como o éter isopropílico ou vestígios de solventes introduzidos na fase de hidrogenação. Em particular, para utilização em medicina ou cosmética, ou para a produção de produtos a jusante, o isopropanol deve ter um grau de pureza muito elevado. Os elevados graus de pureza só podem ser alcançados em grande escala industrial através de operações de purificação dispendiosas. Por exemplo, os compostos contendo enxofre formados durante a produção de isopropanol por adição de água ao propeno podem interferir com a sua utilização nas indústrias cosmética ou farmacêutica.

A separação destes componentes só é possível através do tratamento subsequente do isopropanol com carvão ativado, dióxido de alumínio ou metais como o cobre ou o níquel. O objetivo da presente invenção é fornecer um método para a hidrogenação eficiente da acetona em isopropanol de elevada pureza.

O problema é resolvido pelo método de hidrogenação da acetona com hidrogénio na fase líquida na presença de um catalisador de hidrogenação num suporte neutro, enquanto a hidrogenação da acetona na fase líquida é realizada em pelo menos duas etapas. O método de acordo com a invenção pode ser utilizado para a produção de isopropanol a partir de acetona numa grande escala técnica (mais de 100 quilotoneladas por ano). A formação de subprodutos é quase completamente eliminada, resultando na não necessidade de separações dispendiosas.

Por conseguinte, o objeto da presente invenção é um método para a hidrogenação da acetona em isopropanol, em que a hidrogenação na fase líquida é realizada em pelo menos duas fases.

Durante a hidrogenação da acetona, podem ocorrer as seguintes reacções

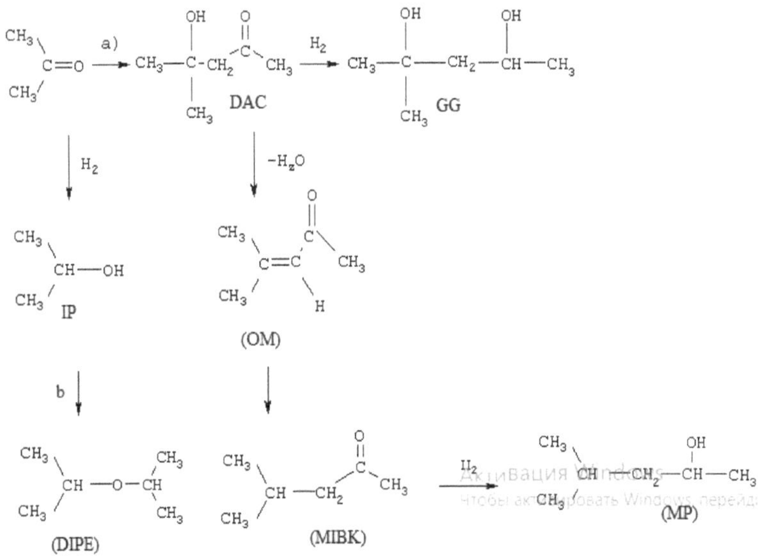

Após a condensação aldólica da a) acetona em álcool diacetónico (DAA), efectuada com um catalisador alcalino, a eliminação da água conduz à formação de 4-metil-3-penten-2-ona (óxido de mesitilo, OM). A hidrogenação deste intermediário OM leva à formação de 4-metil-2-pentanol (MP) via 4-metil-2-pentanona (metil isobutil cetona, MIBK). O DAS também pode ser hidrogenado diretamente em hexilenoglicol (GG). O produto alvo (IP) pode então b) reagir ainda mais após a desidratação para formar o éter diisopropílico indesejado (DIPE).

O catalisador utilizado deve ser tão neutro quanto possível, de modo a não ter um efeito catalítico na reação secundária indesejada do produto alvo IP, a condensação de aldol e a subsequente desidratação.

Algumas das reacções secundárias indesejáveis acima mencionadas ocorrem durante a desidratação.

Por conseguinte, a fim de evitar estas reacções, ou seja, para aumentar a seletividade, assume-se que é adicionada uma pequena quantidade de água, que é indesejável no caso de utilizações específicas do isopropanol, e que permanece na mistura do produto e tem de ser removida, se necessário.

A presente invenção, por outro lado, torna possível hidrogenar a acetona na presença de uma quantidade muito pequena de água. Referências anteriores indicaram que a adição de água à corrente de alimentação é necessária para aumentar a seletividade, ou seja, para suprimir a formação de subprodutos.

De acordo com o processo reivindicado, a acetona pode ser hidrogenada em isopropanol com um teor de água igual ou inferior a 1,0% em peso, de preferência igual ou inferior a 0,5% em peso e particularmente igual ou inferior a 0,2% em peso.

As elevadas conversões necessárias para processos industriais em grande escala podem ser alcançadas no caso proposto, quer utilizando reactores circulantes, quer utilizando reactores ligados em série num esquema em cascata.

O processo em várias fases proposto pode ser utilizado para hidrogenar a acetona em isopropanol de elevada pureza. As fases individuais do processo, que funcionam em paralelo e/ou em cascata, podem ser implementadas sob a forma de reactores de circulação ou tubulares.

As condições de reação podem variar muito; a hidrogenação em fase líquida pode ser realizada a temperaturas na gama de 60 a 140°C, de preferência 70 a 130°C, e a pressões na gama de 20 a 50 bar, de preferência 25 a 35 bar. As condições de temperatura e pressão podem variar em diferentes fases.

Em geral, é utilizado um excesso de hidrogénio: a razão molar entre o hidrogénio e a acetona pode ser de 1,5:1 a 1:1.

Numa modificação particular do processo reivindicado, são utilizadas duas fases, em que o reator da primeira fase pode ser feito como um reator de circulação e o reator da segunda fase pode ser feito como um reator tubular.

A maior parte da conversão necessária é conseguida no reator de circuito A com reciclagem de produto. Este reator funciona com um nível de concentração elevado e pode ser operado com uma taxa de circulação baixa. O produto da reação retirado do reator de circuito pode ser sujeito a um arrefecimento intermédio.

A temperatura inicial da primeira fase do processo situa-se normalmente no intervalo de 50 a 90°C e a pressão total é de 10 a 30 bar. À medida que a atividade inicial do catalisador aumenta, a temperatura inicial pode ser reduzida ou a taxa de circulação no primeiro reator pode ser aumentada, estabelecendo assim a temperatura de saída necessária, que pode ser a temperatura de entrada do segundo reator.

O reator da primeira fase pode ser operado como um reator de circuito com uma razão de circulação de 6 a 10. O teor de acetona na corrente de circuito é reduzido na gama de 8 a 20 wt% e o teor de isopropanol é aumentado em conformidade. O processo de hidrogenação é exotérmico, pelo que o arrefecimento deve ser efectuado no reator ou após o mesmo. A hidrogenação em fase líquida da primeira fase do processo pode ser efectuada a uma temperatura compreendida entre 60 e 130°C, de preferência 80 e 120°C, e a uma pressão de 20 a 50 bar, de preferência 25 a 35 bar.

A segunda fase do processo, que tem as caraterísticas de um reator tubular, pode ser realizada a uma temperatura compreendida entre 60 e 140°C, de preferência entre 70 e 130°C, e a uma pressão compreendida entre 20 e 50 bar.

Podem ser utilizados os mesmos catalisadores de hidrogenação em ambas as fases do processo. Propõe-se a utilização de catalisadores de hidrogenação convencionais baseados em componentes activos como o cobre, o crómio, o ruténio ou o níquel suportados em materiais como a alumina, o dióxido de titânio ou o dióxido de zircónio.

No processo reivindicado, os catalisadores à base de níquel - por exemplo, com um teor de níquel de cerca de 10% em peso - provaram ser eficazes num meio neutro. O material de suporte do catalisador deve ser neutro. Exemplos de materiais de suporte neutros são a alfa-alumina, o dióxido de titânio, o dióxido de zircónio ou a mulita.

De acordo com o método descrito, obtém-se isopropanol de elevada pureza. A concentração total de subprodutos da hidrogenação, como a 4-metil-3-penten-2-ona, o 4-metil-2-pentanol, o álcool diacetónico, o hexilenoglicol e o éter diisopropílico, pode ser inferior a 300, de preferência inferior a 200 e, em especial, inferior a 100 ppm.

O conceito de reator de várias fases oferece outras vantagens devido à sua elevada flexibilidade tecnológica: a razão de circulação, a pressão e a temperatura nos reactores podem ser ajustadas independentemente umas das outras. De acordo com o processo reivindicado, obtém-se isopropanol de elevada pureza. A concentração total de subprodutos da hidrogenação, como a 4-metil-3-penten-2-ona, o 4-metil-2-pentanol, o álcool diacetónico, o hexilenoglicol e o éter diisopropílico, pode ser inferior a 300, de preferência inferior a 200 e, mais ainda, inferior a 100 ppm.

O conceito de reator de várias fases também oferece outras vantagens devido à sua elevada flexibilidade tecnológica: a taxa de circulação, a pressão e a temperatura nos reactores podem ser ajustadas independentemente umas das outras. Por exemplo, se a atividade do catalisador num reator diminuir, a temperatura num reator subsequente pode ser aumentada em conformidade.

Ao selecionar os reactores, deve prestar-se atenção à possibilidade de uma boa distribuição do líquido e/ou à presença de uma grande superfície de permuta de gases, o que pode ser conseguido através da utilização de um dispositivo de distribuição especial, por exemplo, anéis Raschig, embalagem de rede metálica ou embalagem de estrutura Sulzer, bem como uma velocidade volumétrica suficientemente elevada de, pelo menos, 30 m /m^{32} -h.

O exemplo seguinte descreve a presente invenção de forma mais pormenorizada, mas sem limitar o âmbito da sua utilização. Exemplo

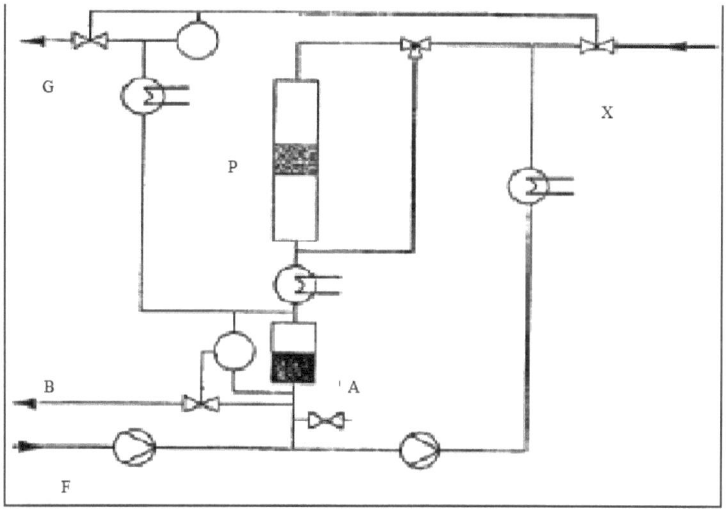

Figura 9. A configuração experimental utilizada é mostrada na

Num processo periódico, a matéria-prima F é colocada num recipiente de separação A e bombeada para o circuito do reator. O sistema é então levado às condições de reação necessárias. No início da reação, a circulação é comutada para o reator P. Após cerca de 5 minutos, são estabelecidas temperaturas e pressões constantes e são recolhidas as primeiras amostras. O hidrogénio é fornecido e removido através das tubagens G e X.

Ao bombear o produto através de uma quantidade adequada de catalisador numa única passagem através do seu leito, são obtidos diferentes graus de conversão. Além disso, o regime é isotérmico, o que simplifica a avaliação cinética das experiências. Ao recolher amostras em diferentes momentos da experiência, pode ser gerado um gráfico de concentração versus tempo de contacto. Estas experiências correspondem ao modelo de um reator descontínuo com agitador ou de um reator tubular. É utilizado um catalisador contendo níquel (10 wt.% de níquel) num suporte neutro de alfa-alumina.

3.5. Precauções para o armazenamento e utilização de acetona

A acetona é um líquido transparente, incolor e facilmente inflamável. A sua fórmula é $CH_3-C(=O)-CH_3$. A acetona é utilizada como solvente para substâncias orgânicas, borracha, goma, tintas e corantes, acetato e celulose, como matéria-prima para a síntese orgânica, para a absorção de acetileno em cilindros de acetileno. Processos tecnológicos no armazenamento e utilização de acetona GOST 12.3.002-75 "Processos de produção. Devem cumprir os "Requisitos gerais de segurança". Ferramentas, reguladores no armazenamento e aplicação de acetona. um conjunto de dispositivos concebidos para automatizar os processos tecnológicos, constituídos por alarmes e controlos remotos, deve fornecer

a) controlo e gestão seguros dos processos

b) impedir o transbordo de líquidos;

c) a criação de dispositivos de corte de proteção no caso de serem atingidas quantidades-limite ou no caso de um estado defeituoso do mecanismo;

g) centralização do controlo e da gestão dos processos para evitar a mobilidade excessiva dos trabalhadores do sexo em serviço.

O sistema de monitorização dos processos tecnológicos, os sistemas automatizados e de telecomando, o sistema automático de proteção contra acidentes (sistema AQAH) e os sistemas de reporte e comunicação (sistema de comunicação e notificação) em caso de acidente, incluindo os sistemas para os quais é enviado um pacote com equipamentos, devem cumprir os requisitos do documento normativo e técnico em vigor, projeto, regulamento e garantir que

Quando a concentração de acetona se eleva acima do nível máximo admissível, os detectores automáticos de gás devem prever

a) acionar a ventilação de emergência

b) que o processo tecnológico pára o aparelho de acordo com a sua natureza;

C) Encerramento de fugas acidentais que impeçam a absorção de acetona por aparelhos tecnológicos e comunicações;

g) transferência de flegmatisadores para equipamentos e comunicações.

É necessário respeitar rigorosamente o teor de acetona especificado, uma vez que qualquer desvio em relação ao mesmo resultará na libertação de produtos explosivos para o ambiente, na formação de misturas explosivas e na subsequente explosão.

Para o número de válvulas de armazenagem e a possibilidade de as fazer passar, ver 12.2.085-82 "Recipientes sob pressão". Válvulas de armazenamento. Devem ser selecionadas e configuradas por conta, de acordo com os "requisitos de segurança".

Os instrumentos de medição dos analisadores, os gazoanalisadores automáticos e outros instrumentos afins devem ser colocados em armários fechados à chave em zonas e equipamentos potencialmente explosivos, tendo em conta os requisitos das "Regras de equipamento de segurança para a utilização de dispositivos eléctricos de consumo" (número de registo 1400, 20 de agosto de 2004).

O sensor do analisador de gases deve ser instalado a uma distância mínima onde haja uma grande probabilidade de emissões de gases e vapores e onde seja conveniente efetuar a manutenção e o ajustamento do instrumento.

Dado que a acetona forma misturas explosivas com o oxigénio no ar, as instalações de armazenamento e utilização de acetona são classificadas como classe de perigo de explosão V-1A e V-1g, e classe de perigo de incêndio A.

Ar mecânico ou espuma química, gases inertes, vapor de água, água, areia, tecido de amianto são utilizados para arrefecer o equipamento para extinguir incêndios de acetona.

3.6. A utilização da acetona na pintura

A libertação de vapores de solventes durante a preparação das tintas é um dos factores de produção nocivos e perigosos caraterísticos do processo de coloração dos produtos.

Aquando da realização de trabalhos de pintura, é necessário tomar medidas para eliminar as condições de incêndio e explosão nas salas de produção e no equipamento tecnológico.

Todos os equipamentos dos serviços de pintura devem ser fabricados com materiais não inflamáveis.

Não é permitido efetuar qualquer trabalho nas oficinas de pintura que implique a utilização de fogo aberto.

Todos os trabalhos relacionados com a diluição de tintas e vernizes devem ser efectuados com o sistema de ventilação ligado.

A transferência de tintas e vernizes e de solventes (acetona) de um contentor com uma capacidade superior a 40 dm3 para um contentor de trabalho deve ser efectuada em condutas com recurso a bombas.

As tintas e os vernizes não devem ser despejados na rede de esgotos. Devem ser recolhidos num recipiente especial fechado e levados para um local especialmente designado para o efeito.

Após a utilização, as migalhas e os trapos devem ser colocados em caixas de aço fechadas com tampas de aço e levados para um local especial separado da oficina por ordem dos bombeiros.

É proibido lavar o chão, as paredes e o equipamento com solventes (acetona).

O vestuário especial em que foi derramada acetona deve ser imediatamente substituído por pó.

A acetona derramada no chão deve ser imediatamente polvilhada com areia e depois removida para um poço com uma pá ou pá de madeira.

É proibido armazenar e consumir alimentos nas zonas de preparação da pintura.

O sistema de transferência deve utilizar um contador ou um dispositivo de dosagem para evitar que a acetona transborde para os misturadores.

3.7. A utilização de acetona nas organizações industriais da borracha

A capacidade de acetona deve estar equipada com dispositivos que impeçam o transbordo e permitam a descarga de emergência da acetona.

O misturador não deve ser utilizado para transferir acetona em recipientes portáteis (baldes, etc.).

Não se deve permitir que a acetona borbulhe livremente no misturador.

A superfície interior dos pentes rotativos ou dos agitadores deve ser revestida de um material não inflamável ou de um destes materiais.

A câmara de trabalho do misturador deve ser hermeticamente fechada.

Na fase de separação da solução (acetona) da água, devem ser previstos meios para evitar que a solução caia na rede de esgotos.

Utilização de acetona nas garrafas de acetileno

Nas garrafas de acetileno, a acetona é utilizada para absorver o acetileno.

Utiliza-se acetona técnica para aumentar a quantidade de acetileno introduzida no balão, ou seja, introduzem-se 225-230 g de acetona no balão com massa porosa por cada litro da capacidade de 1 litro do balão. A substância da massa porosa deve ser neutra em relação à acetona a temperaturas e pressões elevadas, mesmo em condições normais.

Se a quantidade de acetona necessária num balão cheio (quando o acetileno é libertado) exceder 1 litro num balão de 40 litros, é necessário adicionar a quantidade de acetona em falta ao balão utilizando um dispositivo de dosagem especial.

O fabricante é responsável pela qualidade da massa porosa, pelo correto enchimento da massa porosa e pela qualidade da primeira acetona vertida. As organizações que enchem com acetona são responsáveis pela dosagem correta nos cilindros utilizados e pela qualidade da solução.

É proibido aquecer o balão de acetileno com uma fonte de calor externa. Dado que a solubilidade das soluções de acetileno em acetona diminui rapidamente quando a temperatura ultrapassa os 56°C e que o acetileno no estado fundido passa para o estado gasoso, a pressão no balão aumenta devido à evaporação da acetona, ou seja, o aquecimento dos seus vapores pode aumentar por um fator de 11,2, o que constitui um perigo de emergência.

A quantidade de gás retirada de um balão por hora não deve exceder 1200 - 1500 dm3.

Ao trabalhar com balões de acetileno, é necessário verificar cuidadosamente o hermetismo de todas as ligações, caso contrário pode formar-se uma mistura gasosa à frente do balão, o que constitui um risco de explosão.

Recomenda-se que os balões de acetileno sejam mantidos na posição vertical, o que significa que uma quantidade considerável de acetona é separada do acetileno no balão deitado, enquanto a acetona pode fluir através da válvula para o balão a partir de uma massa porosa e pouco obstruída.

3.8. Armazenagem de acetona

A organização do trabalho relacionado com o transporte, utilização e armazenamento de acetona nas organizações deve ser efectuada de acordo com os regulamentos técnicos, normas e outros documentos técnicos regulamentares aplicáveis.

O chefe da organização é responsável pela organização correta da utilização e armazenamento da acetona.

A acetona técnica deve ser armazenada em frascos de aço, alumínio, álcool e vidro.

A acetona é considerada um precursor e a sua armazenagem e distribuição devem cumprir os requisitos da Resolução n.º 293 do Conselho de Ministros da República do Usbequistão, de 31 de julho de 2000, "relativa à importação, retirada e trânsito de drogas, substâncias psicotrópicas e precursores através do território da República do Usbequistão".

As capacidades em que a acetona é armazenada devem ser preenchidas.

A acetona utilizada na produção (organização) deve ser armazenada em armazéns ou em controlos especiais que garantam uma boa armazenagem nos edifícios.

A acetona não deve ser armazenada em caves ou semi-caves.

As portas dos edifícios de armazenagem devem estar fechadas. No final do dia de trabalho, as portas devem ser trancadas e seladas, com a chave, o selo e o vedante na posse da pessoa responsável pelo material. Em todos os armazéns é necessário afixar o GOST 12.4.026.-76.ga "Cores de Alarme e Sinais de Segurança", um guia de equipamento de segurança e sinais de segurança de primeiros socorros.

Quando se armazena acetona e outros líquidos altamente inflamáveis em pequenos contentores (tambores, latas, frascos), cada compartimento do armazém deve ser atribuído ao tipo de produto.

O armazenamento de acetona em Taras é efectuado em recipientes ou estênceis. As embalagens devem ser não inflamáveis e estáveis.

Para passar os mecanismos de carga e descarga, a distância entre o stelage e as estelas é de 1,5 m. de, passagens - 0,8 m. não deve ser menor. Também em cada altura do armazém - 1,5-2 m de largura. o celeiro deve ter passagens opostas às aberturas das portas para o boro e transversais.

Ao colocar manualmente os barris de acetona no chão, os barris não devem exceder duas filas na posição horizontal dos barris com a base entre as filas, e não devem exceder um andar na posição vertical dos barris em altura.

Se os bidões de acetona forem colocados no chão por meios mecânicos, o número de prateleiras com a base entre as filas não deve ser superior a três.

Os barris de acetona devem ser colocados de uma fila para cima em cada nível da estante.

Não é recomendável dispor de uma gaiola ou de uma mastreação com mais de dois barris de acetona de largura.

Ao rolar e carregar os bidões de acetona para a área de armazenamento, é necessário ter cuidado para evitar bater nos bidões e criar faíscas.

Os tampões dos bidões de acetona devem ser dobrados com o foco na parte superior. Os tampões dos barris de metal devem ser abertos com um elástico e uma chave especial. Não é permitido abrir as rolhas com um martelo, zubilo e outras ferramentas, não é permitido utilizar rolhas de madeira.

Se a acetona for armazenada em frascos, estes devem ser colocados em grelhas não inflamáveis.

Não é permitido armazenar acetona perto de aquecedores. A distância do elemento de aquecimento do fogão ou do relé não deve ser inferior a 1 metro.

Não é permitido distribuir abertamente acetona a partir do armazém.

A tara sem acetona deve ser armazenada em áreas fechadas especiais, a pelo menos 30 metros de distância dos edifícios de produção e armazéns. Para a limpeza e lavagem da acetona, deve ser previsto um local especial (edifício) equipado com um ventilador absorvente.

As normas de armazenamento de acetona em armazéns e depósitos em oficinas são aprovadas e estabelecidas pela administração de acordo com a segurança contra incêndios. O tamanho do edifício de armazenamento não deve exceder 200 m3.

Nos armazéns das organizações industriais onde a acetona é armazenada, deve haver uma ordem obrigatória de cartões sobre a quantidade de acetona, a data de chegada, o nome do fornecedor, a quem, quando e quanta acetona foi entregue.

De acordo com a ordem estabelecida nas oficinas das organizações industriais, é mantida uma conta trimestral de acetona no diário de negócios - turno, nos relatórios técnicos de sexo - mensalmente, de acordo com os resultados do ano. As contas técnicas devem refletir a produção de acordo com a norma aprovada e a produção de acetona durante o período do relatório.

É necessário controlar constantemente o estado externo dos pentes de acetona (integridade, hermeticismo, presença de um selo).

A acetona deve ser colocada em grupos em locais de aterragem especiais em tarada não superior a 100 peças cada, com interrupções entre grupos não inferiores a 1 m.

Em áreas abertas e sob a varanda, os barris devem ser colocados numa base de madeira em fila com tamancos.

Nos laboratórios químicos, a acetona deve ser armazenada hermeticamente fechada em pentes de metal ou de vidro maciço em quantidades que não excedam as necessidades diárias. Os recipientes de acetona não devem estar cheios mais de 2/3 e devem ser colocados em caixas metálicas cobertas com amianto ou shishatola. Uma lista de conservantes, assinada pelo responsável do laboratório, deve ser colada no interior da caixa. A caixa deve estar fechada à chave.

A acetona não deve ser armazenada juntamente com ácidos minerais, gases comprimidos e liquefeitos, substâncias inflamáveis e orgânicas, bem como sais inorgânicos que formem misturas explosivas.

A acetona deve ser registada num livro especial, numerado, fechado à chave e selado com a assinatura e o selo do chefe da organização.

No primeiro dia de cada mês, é efectuado um inventário da acetona de acordo com as modalidades previstas e é elaborado um balanço.

No laboratório (sala) onde é armazenada a acetona, deve existir uma lista de propriedades na qual é introduzido o número de armários e cofres com números.

Os armários metálicos e os cofres devem ser mantidos fechados à chave. No final do dia de trabalho, as salas de armazenamento dos armários metálicos e da acetona devem ser trancadas e a chave, o selo e o cadeado devem ser entregues à pessoa que os reúne na sua totalidade.

Para armazenar a acetona, é necessário ter uma chave de dois pares de salas, cofres (armários metálicos), um par dos quais deve ser guardado pelo responsável pela integridade da acetona, designado por ordem de uma entidade legal, e o outro numa caneta selada (penal) na chefia do laboratório. É proibido deixar estas chaves em cima da mesa ou em qualquer outro sítio.

3.9. Requisitos de segurança para postos de trabalho e equipamento

O equipamento de produção deve cumprir os requisitos de segurança durante a reparação, o transporte e a armazenagem, a utilização, como parte de esquemas tecnológicos ou quando utilizado separadamente.

De acordo com a tecnologia, devem ser tomadas as seguintes medidas nos locais de trabalho com baixo teor de acetona

a) determinar a quantidade de acetona no local de trabalho e não exceder as normas estabelecidas;

b) instalar um sistema de exaustão no local (otsos) para captar os vapores que se separam da acetona;

(c) Os banhos e contentores abertos devem estar equipados com tampas bem fechadas, que devem permanecer fechadas quando não estiverem a ser utilizadas;

(g) Prever a possibilidade de libertação de emergência de acetona de banhos e recipientes fixos;

(d) Efetuar as operações de substituição da acetona utilizando solventes de baixo risco e não inflamáveis.

O teor de acetona especificado deve ser rigorosamente respeitado, uma vez que qualquer desvio pode resultar num risco de explosão.

Nos contentores ou equipamentos, é necessário que as redes de derrame de acetona, as válvulas deslizantes, os dispositivos estejam fixos e tenham marcas reconhecíveis, e que os respectivos limiares estejam vazios. A sequência do derrame deve ser especificada pelo fabricante.

Em condições de produção, a densidade dos processos de vazamento e enchimento dos aparelhos, o equipamento deve ser mantido para eliminar o contacto dos vapores de acetona com o ar ambiente das instalações.

A densidade dos compostos de borracha deve ser alcançada através da utilização de um invólucro e de mástique corretamente compactados.

Recomenda-se a utilização do tipo de compactação lateral para compactar a ligação de acionamento do equipamento tecnológico que trabalha em contacto com a acetona.

Se a compressão for insuficiente, o equipamento deve estar equipado com uma ventosa local. Os sistemas de ventilação incorporados devem ser ligados a um dispositivo de arranque do equipamento tecnológico.

A proteção contra a propagação das chamas é obrigatória nas redes que inalam e envenenam os equipamentos, nos depósitos de acetona e nas canalizações onde as chamas se podem propagar. A construção de lareiras é obrigada a garantir a extinção fiável das chamas com uma conta de exploração.

Todo o equipamento de compactação de agregados deve estar em boas condições e ser cuidadosamente inspeccionado e testado. As áreas defeituosas devem ser corrigidas quando a densidade é quebrada.

Em caso de fugas de gás ou de vapores, os trabalhos devem ser interrompidos até à eliminação das anomalias.

O equipamento deve ter um passaporte e um número. Se não houver passaporte, este será emitido pelo proprietário da organização. De acordo com o número do equipamento, este é registado num livro especial de contabilidade e de inspecções periódicas.

A todos os equipamentos tecnológicos deve ser atribuído um número correspondente ao número do regime tecnológico.

As partes do equipamento que são móveis e têm uma fonte rotativa de perigo devem ter barreiras. As barreiras devem ser suficientemente estanques, reforçadas de forma fiável e não devem interferir com o trabalho de produção e a regulação do equipamento.

A localização e a comunicação do equipamento de produção devem garantir o seu funcionamento, a comodidade e a segurança da sua reparação e a evacuação segura das pessoas em caso de acidente ou incêndio.

Para a realização de processos tecnológicos que exijam o controlo da temperatura, da pressão e do equipamento, o equipamento deve estar equipado com dispositivos de controlo local e instruções no painel de controlo e dispositivos de controlo remoto.

Cada local de trabalho deve estar equipado com instruções para a utilização de equipamento, para a implementação de processos tecnológicos, instruções para a segurança no trabalho, instruções para prestar assistência a pessoas envenenadas por substâncias tóxicas durante esses processos tecnológicos até à chegada de um médico.

Esta instrução deve ser executada por um trabalhador que cumpra os requisitos da instrução sobre equipamento de segurança, prestando atenção à inspeção correta do equipamento e dos instrumentos de controlo e medição, ao movimento dos acessórios, que deve ser realizado no tempo e na ordem previstos.

Os acessórios devem ser utilizados em conformidade com as instruções de utilização do fabricante e com a tarifa técnica.

O equipamento deve ser utilizado em conformidade com as condições de utilização, os parâmetros de funcionamento e o ambiente a que se destina. É proibida a utilização do acessório como regulador.

É proibido utilizar vários manípulos para abrir ou fechar as válvulas e os acessórios. No inverno, a extremidade exterior da chaminé deve ser limpa de neve e gelo.

Bombas usadas para bombear líquidos altamente inflamáveis, GOST 15110-78 "Bombas centrífugas para produção química" e GOST 12.2.003-91 "Equipamento de produção". Devem cumprir os "requisitos gerais de segurança". As bombas devem ser instaladas numa estrutura que não permita a formação de faíscas.

Para transferir líquidos altamente inflamáveis de um local para outro - é necessário utilizar bombas compactadas ou outras bombas estruturalmente compactadas sem uma mola centrífuga. É proibida a utilização de bombas com sais - aquelas que podem libertar rapidamente líquidos inflamáveis.

Como regra geral, para garantir a distância mínima do caminho de absorção, as bombas devem ser colocadas em grupos de acordo com o design tecnológico. Na base das bombas, no processo da sua utilização, deve haver um declive na capacidade do dreno para recolher líquidos e durante a lavagem e reparação.

É proibido utilizar estações de bombagem para bombear acetona quando o sistema de ventilação que absorve as fugas estiver desligado ou avariado. Durante o funcionamento das bombas - a superfície de fricção deve ser lubrificada, a temperatura dos impulsores e dos rolamentos deve ser sempre monitorizada.

É proibida a acumulação de lubrificantes e de líquidos facilmente inflamáveis na base das bombas. Logo que seja detectada qualquer anomalia que interfira com o funcionamento normal da bomba, esta deve ser parada e a anomalia corrigida. É proibido efetuar reparações sem interromper o funcionamento das bombas, dos agregados e das tubagens, lavar com água e limpar com gás inerte.

É necessário ter em conta que, se as bombas estiverem localizadas sob os montes de dispositivos tecnológicos, são paradas por dispositivos de controlo remoto. As fundações das bombas, os poços de recolha de água, as chaminés e os pavimentos devem ser sempre mantidos limpos e imediatamente limpos de produtos e óleos derramados.

O controlo do ar ambiente nas bombas deve estar equipado com instrumentos para a condução de líquidos altamente inflamáveis. Em caso de avaria do equipamento, as estações de bombagem não devem ser utilizadas. Não é permitido armazenar líquidos altamente inflamáveis, líquidos inflamáveis e materiais similares nas bombas. Os lubrificantes com uma necessidade diária podem ser armazenados num recipiente de metal especial com uma tampa bem fechada.

Nas estações de bombagem, é necessário controlar constantemente a disponibilidade e a regulação dos meios primários de extinção de incêndios. No caso das bombas centrífugas (centrobezhny), recomenda-se o controlo do nível de vibração nos limites possíveis e as seguintes medidas adicionais para a sua manutenção:

a) Ajustar o centro da unidade, evitar o desequilíbrio dinâmico e estático do rotor, a pulsação do fluxo (bombagem, cavitação), equilibrar os acoplamentos;

b) paragem automática da unidade quando o nível de vibração admissível se altera.

Os materiais das peças da bomba não devem aumentar a eletricidade estática.

Misturadores. O procedimento e os métodos de mistura da acetona com produtos inflamáveis, a conceção do equipamento e os dispositivos de mistura devem garantir que estes produtos são efetivamente misturados.

No entanto, no caso de mistura por processos exotérmicos, a possibilidade de aumentar a velocidade do processo, o sobreaquecimento da mistura e a ocorrência de zonas locais devem ser eliminados.

As tubagens de alimentação dos misturadores devem estar equipadas com válvulas de retenção. Durante o funcionamento, é necessário verificar o funcionamento dos misturadores e a estanquidade da vedação dos eixos do reator. É necessário instalar um suporte sob o aparelho, calculado em função do volume de líquido no aparelho.

Trabalhar com acetona no laboratório

Ao trabalhar com acetona em laboratórios, devem ser observados três princípios básicos:

a) Evitar a libertação de vapores de acetona no ambiente;

b) Eliminar a possibilidade de ignição em caso de libertação acidental de vapores em concentrações perigosas;

Para minimizar as consequências de um acidente, tomar antecipadamente todas as medidas possíveis.

É proibido trabalhar com acetona fora do armário.

O aquecimento da acetona só deve ser efectuado em equipamentos e instrumentos que assegurem a completa condensação dos vapores. Devem ser utilizados congeladores de água quando se efectuam processos que envolvam o aquecimento de acetona.

Não utilizar chamas abertas ou aquecedores em espiral para aquecer a acetona.

O armazenamento de acetona nos laboratórios deve garantir a conformidade com os requisitos das normas aprovadas. É permitido armazenar a acetona em frascos grossos com uma capacidade máxima de 1 dm3 e equipados com uma tampa bem fechada. Os frascos de acetona devem ser armazenados em caixas especiais, longe de fontes de calor.

É proibido deitar os resíduos de acetona pelo ralo. Em caso de derrame acidental de acetona, é necessário desligar imediatamente todas as fontes de fogo aberto, aquecedores eléctricos, bem como desligar o viklyuchatel comum durante o dia e desintoxicar a sala. O local onde a acetona foi derramada deve ser polvilhado com areia e a areia contaminada deve ser removida com uma pá feita de metal não ferroso.

Tubagem. Os requisitos relativos ao método e à localização das tubagens no aparelho devem ser realizados em conformidade com os regulamentos e normas em vigor. Ao escolher o material e os seus pormenores e acessórios para os tubos, é necessário ter em conta a classificação dos tubos, as suas passagens condicionais e os parâmetros limitados do ambiente em que são conduzidos, a sua composição agressiva e erosiva.

A conceção das tubagens para o transporte de acetona deve garantir

a) utilização segura e fiável dentro dos limites do período normativo

b) manutenção dos processos tecnológicos em conformidade com os parâmetros de conceção;

c) determinar o nível ótimo do seu risco de explosão, a conveniência de efetuar trabalhos de instalação e reparação ao elaborar um plano de equipamento para nós tecnológicos (blocos);

g) monitorização contínua da facilidade de utilização e do estado técnico imediato dos veículos no projeto especificado;

(d) tratamento térmico e ensaio de soldaduras de tubos

(e) Isolamento e proteção das canalizações contra radiações, raios recorrentes e eletricidade estática

(j) Evitar o entupimento das condutas

z) o comprimento mais curto possível em tubos

i) evitar a formação e acumulação de zonas de estagnação

k) que a temperatura de deformação nos tubos pode ser compensada por si só;

l) que os mecanismos de elevação, os dispositivos e os extintores de incêndio possam ser colocados livremente.

Não é permitida a colocação de tubagens tecnológicas para o transporte de acetona em edifícios com instalações internas de distribuição administrativa, doméstica, agrícola e eléctrica, estruturas eléctricas, pavilhões de automatização, edifícios de transformadores, câmaras de para-brisas, pontos de aquecimento, vias de evacuação de pessoal (gaiolas de escada, corredores) e em quaisquer outros edifícios destinados a este fim.

A colocação de condutas tecnológicas de acetona através dos edifícios adjacentes à parede, dossel e pardevor, separadores de classe A e B só é permitida em determinados casos, ou seja, quando necessário em processos tecnológicos. As passagens de tubagem através da parede devem ter um dispositivo hermético não inflamável e garantir o conforto da colocação da tubagem.

É necessário instalar acessórios de bloqueio nos nós e dispositivos tecnológicos a partir dos quais os tubos são inseridos na oficina. Pintura e estampagem de tubos, indicadores de direcções de movimento do ambiente GOST 14202-69 "Tubos de organizações industriais. Deve cumprir os requisitos de "Tintas conhecidas, sinais de aviso e marcação de merda". Nas condutas de acetona, deve ser aplicado um anel de aviso vermelho. Nos sistemas tecnológicos onde existe o risco de explosão, é geralmente proibido utilizar mangueiras flexíveis como tubos estacionários para o transporte de acetona. Nestes casos, devem ser utilizadas mangueiras metálicas flexíveis especiais.

É permitida a utilização de mangueiras flexíveis para as operações de despejo e vazamento da acetona, para os equipamentos móveis (cisternas ferroviárias) e para a realização de operações auxiliares.

A ligação de mangueiras flexíveis para a realização de operações auxiliares (limpeza de tubos com fluxo de ar, recirculação de bombas, sopro de gases e vapores) só é permitida durante a transferência destas operações. A ligação das mangueiras a um tubo é efectuada através de divisórias normalizadas.

A escolha das mangueiras, o método de utilização, o período de utilização, a inspeção, a reparação e a marcação devem ser efectuados em conformidade com os requisitos da documentação técnica e da forma prescrita.

Regras de segurança para operações de enchimento de derrames com acetona

Deve ser estabelecido um procedimento rigoroso de combate a incêndios para as operações de enchimento de derrames. Durante as operações de derrame, é proibido efetuar trabalhos de reparação, fumar ou utilizar fogo aberto.

Devem ser tomadas medidas de proteção contra a eletricidade atmosférica e estática durante as operações de enchimento e vazamento. É proibido efetuar operações de enchimento e de vazamento em caso de trovoada. As calhas dos bordos das cisternas devem estar firmemente ligadas ao solo na zona de esvaziamento das cisternas.

É proibida a circulação de locomotivas a diesel e a vapor nas vias onde se encontram as instalações de descarga. Os cavaletes de descarga podem ser laterais e feitos de material incombustível e não podem estar afastados mais de 100 m. A separação, a ligação e a disposição das cisternas dos vagões devem ser efectuadas fora dos pontos de descarga.

A transferência de veículos para o derrame e enchimento de líquidos facilmente inflamáveis só é permitida depois de a mina e a via-férrea terem sido limpas dos líquidos.

As cisternas dos caminhos-de-ferro devem ser deslocadas e libertadas lentamente, sem solavancos nem abanões, para escoar e encher líquidos altamente inflamáveis.

No domínio das instalações de enchimento de derrames, as cisternas de caminho de ferro não podem ser travadas com um espigão metálico. Para a suspensão, é necessário um material que não produza faíscas durante a travagem. É proibido utilizar objectos de aço como alavancas para fazer rolar e deslocar o vagão-cisterna para o local de descarga.

Se a transferência das cisternas para a zona de enchimento e esvaziamento for efectuada por meio de vapores, as cisternas devem ser cobertas por dois bogies ou vagões (plataformas) de dois eixos carregados com mercadorias incombustíveis. Se o transbordo das cisternas for efectuado por locomotivas a diesel, não são necessárias coberturas. É proibido sifonar, abrir e acelerar o cortador de relva, manter o buraco do relvado aberto, utilizar um maçarico ou qualquer outro tipo de fogo na zona do equipamento de enchimento

No momento da rega, é proibido transferir o trabalho das mansões no cavalete ou em algumas cisternas ferroviárias para a estrada vazia. É proibido encher a cisterna além do normal durante o trabalho de enchimento. Para evitar o enchimento excessivo da cisterna, os pontos de transbordo devem estar equipados com dispositivos automáticos fiáveis.

As cisternas para líquidos altamente inflamáveis devem estar equipadas com acessórios, dispositivos de controlo, dispositivos de transbordo, dispositivos de proteção e outros dispositivos, de acordo com as regras para o transporte ferroviário de mercadorias, que cumpram os requisitos da regulamentação em vigor.

Se houver sinais de fugas ou outras anomalias durante a inspeção técnica, é proibido encher o reservatório. Antes de iniciar as operações de transbordo, é necessário verificar o bom estado dos dispositivos de ligação, das válvulas de ligação, dos sistemas de ligação à terra, dos martelos de água, a estanquidade das mangueiras e a correção dos tubos telescópicos. Se forem detectadas falhas, estas devem ser imediatamente corrigidas.

O procedimento de instalação de cisternas de calha para o derrame e o enchimento de líquidos inflamáveis deve garantir que estas operações sejam efectuadas em segurança.

É proibida a utilização de cisternas ferroviárias situadas nas vias férreas como capacidade de armazenamento estacionário (descarga).

Devem ser previstos meios e métodos nos pontos de derrame e locais especialmente equipados para efetuar operações de esvaziamento de emergência em cisternas danificadas. As medidas de segurança a adotar durante estas operações são especificadas nas instruções aprovadas pelo engenheiro-chefe da organização.

O sistema de enchimento deve ser durável, simples e conveniente na utilização de cisternas, tanques de armazenamento, tubos e outros equipamentos.

Os processos de acondicionamento de acetona em recipientes muito pequenos (butil, frascos) devem ser realizados em condições que não permitam factores perigosos e nocivos, nomeadamente a elevada concentração limite admissível de vapores de éter (ChRK) no ar da zona de trabalho.

As linhas de injeção de acetona devem estar equipadas com dispositivos de sucção a vácuo para devolver o líquido do recipiente (garrafa, frasco). Os dispositivos de resíduos de embalagens de acetona, os kits de retorno de reserva devem ser herméticos.

Embalagem de acetona em recipientes de vidro (garrafas, frascos, ampolas), o início da linha de transporte deve ser num local bloqueado, com corrente de sopro absorvente.

Automáticos e transportadores, linhas auxiliares mecanizadas As fracturas do vidro que surgem no processo de funcionamento devem ser perdidas, consoante sejam limpas e recolhidas em recipientes especiais com recurso a dispositivos (pá de plástico, cinzel, gancho).

Assim, nesta monografia, foi analisada a acetona, cuja descoberta se baseia nas propriedades químicas da acetona: reacções de oxidação-redução, ligação de nucleófilos ao grupo carbonilo, e α-literatura Publicações da Internet em inliz, russo e uzbeque com descrições de reacções no estado, reacções de condensação, uma reação caraterística da formação de iodofórmio, utilização industrial e laboratorial da acetona e métodos industriais de produção e purificação da acetona, tendo sido tiradas conclusões a partir delas nesta monografia

1. nos países desenvolvidos, foram analisadas as insuficiências e os êxitos dos métodos de produção de acetona, principalmente a oxidação e a desidratação de três álcoois isopropílicos, a oxidação do isopropilbenzeno (método cumol) e a oxidação do propileno.

2) Nos países da CEI, quando a acetona era obtida por desidrogenação do álcool isopropílico na fase de vapor, estudava-se a transferência de uma mistura de álcool e vapores de ar através de um catalisador metálico a altas temperaturas, reacções adicionais no processo de oxidação para formar ácido acético, propileno-1 e dióxido de carbono.

3) Na nossa república, a produção de acetona por hidratação direta do acetileno é a mais promissora. Os compostos de cádmio e de zinco com óxidos de crómio e de ferro foram agora estudados para a produção de acetona por hidratação direta do acetileno na presença de catalisadores heterogéneos.

4. A investigação científica sobre a produção de acetona na nossa república será prosseguida com base na cooperação com os trabalhadores da Navoi Azot JSC e, com base nesta investigação, será preparado o terreno para a produção de acetona mais eficiente e com maior rendimento.

REFERÊNCIAS

1. Mirziyoev Sh.M. A análise crítica, a disciplina rigorosa e a responsabilidade pessoal devem ser a regra diária da atividade de qualquer dirigente. Discurso do Presidente da República do Uzbequistão na reunião do Conselho de Ministros da República do Uzbequistão sobre os resultados de 2016 e as perspectivas para 2017 // Xalq sozi gazeta. 16 de janeiro de 2017, #11.

2. Mirziyoev Sh.M. Construiremos o nosso grande futuro juntamente com o nosso povo corajoso e nobre. Uzbequistão, 2017.

3. Estratégia de ação para um maior desenvolvimento da República do Usbequistão. Decreto do Presidente da República do Usbequistão. Coletânea de documentos jurídicos da República do Usbequistão. 2017, n.º 6, artigo 70.

4. Mirziyoev Sh.M. A supremacia da lei e a provisão de interesses humanos são a garantia do desenvolvimento do país e do bem-estar das pessoas. Uzbequistão, 2017.

5. Alovitdinov A. B., Ismatullaeva M.G., Turobjonov S.M., Kholmurodov N.A.. Química orgânica. - T.: Casa criativa de publicação e impressão de professores. 2007

6.Askarov I.R., Isayev Y.T., Mahsumov A.G., Kirgizov Sh.M. Organic chemistry.-T.: Editora com o nome de Gafur Ghulam. 2012.

7. Askarov I.R., Gopirov K. Noções básicas de química. - T.: Enciclopédia nacional da editora científica estatal do Uzbequistão. 2011.

8. Reutov O.A., Kurtz A.L., Butin K.P. Organic chemistry, T. 1-4, Moscovo, 2004.

9. Traven V.F. Organic chemistry, T. 1-2, Moscovo, Akademkniga, 2004.

10. Timoshchenko L.V., Sarycheva T.A. Química orgânica. Chast 1: uchebnoe posobie / Universidade Politécnica de Tomsk. - Tomsk: Izd-vo

Tomskogo polytekhnicheskogo universiteta, 2012. - 168 p.
11. Neyland O. Ya. Química orgânica. Moscovo. Escola secundária. 1990. 750 p.
12. Shahidoyatov H.M., Khojaniyozov H.O., Tajimukhamedov Kh.S. Organic chemistry.-T.: Science and Technology Publishing House 2014.
13. Shoymardonov R.A. Química orgânica. T.: Editora do serviço de polígrafo de Yangyol. Parte II. 2008.
14. Chernykh V.P., Zimenkovsky B.S., Gritsenko I.S. Organic chemistry, Kharkov, 2007.
15. W. Carruthers, Lain Coldham "Modern methods of organic synthesis", Cambridge, 2006.
16. Lebedeva M.I., Ankudimova I.A. Uma coleção de problemas e exercícios de química com soluções para problemas padrão e complicados. -M.: "Editora de engenharia mecânica - 1". 2002.
17. L.A. Fedorov, A.V. Yablokov, Pesticides - a toxic blow to the biosphere and humans, Moscovo, 1999.
18. T.K. Veselovskaya, I.V. Machinskaya, N.M. Przhiyalgovskaya, V.P. Gorbunova, Yu.I. Smushkevich. Questões e problemas de química orgânica. Moscovo, "Escola Superior", 1988.
19. N.I. Faizullaev, D. Yusupov, R.R. Umirzakov. // Síntese catalítica de acetona por hidratação direta de acetileno. Revista Uzbekistan Kimyo. 200, no. 5. 68-71 página
20. S.M. Turobdzhanov. Criação de tecnologias de baixo teor de resíduos para piridina, acetona e ésteres com base no acetileno e seus derivados: Tese de doutoramento. Doc. Este. Ciências: Tashkent, 1999, pp. 129-143.
21. N.I. Fayzullaev, D. Yusupov, R.R. Umirzakov.// Síntese co-catalítica de acetona e acetaldeído. Revista de materiais compósitos Revista técnico-científica uzbeque. 2002, No. 4 p. 7-8.

22. Acetona - Nova Enciclopédia Mundial. www.newworldencyclopedia.org. Recuperado em 9 de julho de 2023. Arquivado em 9 de julho de 2023.

23. Acetona (corpos cetónicos) na urina. Data de acesso: 29 de julho de 2015. Arquivado em 29 de fevereiro de 2020.

24. Voltar atrás:1 2 http://www.newchemistry.ru/printletter.php?n_id=4886 Cópia arquivada de 5 de novembro de 2011 no Máquina Wayback PRODUÇÃO DE ACETONA: produção, aplicação, mercado segundo a AKPR (Academia de Estudos do Mercado Industrial)

25.↑ Bennewitz. Katalyse. Frankenburger und Dr. F. Dürr, Forschungslaboratorium Oppau der I. G. Farbenindustrie A. G. Sonderdruck aus Bd. VI der Enzyklopädie der technischen Chemie. Herausgegeben von Prof. Dr. Fritz Ullmann, Genf. Zweite, völlig neubearbeitete Auflage. 56 S. Verlag Urban & Schwarzenberg, Berlin und Wien 1930. Preço RM. 3,50 // Angewandte Chemie. - 1932-01-30. - T. 45, вып. 5. - C. 116-116. - ISSN 1521-3757 0044-8249, 1521-3757. — doi:10.1002/ange.19320450511.

26. John H. Northrop, Lauren H. Ashe, R. R. Morgan. Um Processo de Fermentação para a Produção de Acetona e Álcool Etílico. // Journal of Industrial & Engineering Chemistry. - 1919-08. - T. 11, вып. 8. - C. 723-727. - ISSN 1943-2968 0095-9014, 1943-2968. - doi:10.1021/ie50116a006.

27.↑ TOC // Química Industrial e de Engenharia. - 1921-10-01. - T. 13, вып. 10. - C. 861-861. - ISSN 0019-7866. - doi:10.1021/ie50142a900.

28.Propan-2-ona (Acetona) // "Concentrações máximas admissíveis (MPC) de substâncias nocivas no ar da zona de trabalho" / aprovado por

A.Yu. Popova. - Moscovo, 2018. - P. 125. - 170 p. - (Regras sanitárias). Arquivado do original em 12 de junho de 2020.

29.↑ Charles J. Wysocki, Pamela Dalton, Michael J. Brody & Henry J. Lawley. Limiares de odor e irritação de acetona obtidos de trabalhadores de fábrica expostos à acetona e de indivíduos de controlo (não expostos ocupacionalmente) (англ.) // AIHA & ACGIH American Industrial Hygiene Association Journal. - Akrin (Ohio): Taylor & Francis, 1997. - outubro (vol. 58 (iss. 10). - P. 704-712. - ISSN 0002-8894. — doi:10.1080/15428119791012342.

ÍNDICE DE CONTEÚDOS

Mualliflar haqida ma'lumot

Хатамова Мухаббат Саттаровна
кимё фанлари номзоди, v.b.professor

М.С. Хатамова 1970 йил 12 ноябрда Самарқанд вилояти, Паст-Дарғом туманида туғилган. 1993 yilda СамДУнинг Кимё факультетини тугатди. 2008 йилда кимё фанлари доктори, профессор А.Г.Махсумов илмий раҳбарлигида "Гексаметилен бис-(алкил)-карбаматлар ҳосилаларини синтези ва уларнинг олиниш технологияси" мавзусидаги номзодлик диссертациясини ҳимоя қилган. 2000 йил бошлаб Навоий давлат педагогика институти kimyo kafedrasida turli lavozimlarda фаолият кўрсатиб келмоқда. 2009 йил Ўзбекистон Республикаси "Халқ таълим аълочиси" кўкрак нишони сохибаси. Мехнат фаолияти давомида 4та дарслик, 3 ta o'quv qo'llanma, 5 та монография (2 халқаро), 60 дан ортик илмий мақолалар чоп эттирган. Ҳозирги кунда 10 дан ортиқ магистуратура мутахассислиги талабаларига илмий раҳбарлик қилиб келмоқда.

Оманов Беҳрузжон Шуҳрат ўғли
Техника фанлари бўйича фалсафа доктори, в.б.доцент

Оманов Беҳрузжон Шуҳрат ўғли 1993 йилда Самарқанд вилояти, Паст-Дарғом туманида туғилган. 2016 йилда Навоий давлат педагогика институти, кимё ўқитиш методикаси йўналишига ўқишга кирди ва уни 2016 йили имтиёзли диплом билан тугатди. 2017-2019 йилларда Навоий давлат педагогика институти Аниқ ва табиий фанларни ўқитиш методикаси (Кимё) магистранти 2017 йили бўлиши билан бир қаторда, кимё ўқитиш методикаси кафедрасида ўқитувчилик faoliliyatini boshladi. 2022 йилда "Ацетилендан винилацетатнинг каталитик синтези ва технологияси" мавзусидаги номзодлик диссертациясини ҳимоя қилди. Ҳозирги кунда кимё кафедраси доценті lavozimida ҳамда Олий таълим, фан ва инновациялар вазирлиги Таълим-фан жамоатчилик кенгаши аъзоси бўлиб ишламоқда.

Мехнат фаолияти давомида 2 та ўқув қўлланма (халқаро), 3 та монография (2та халқаро ва 1та республика), 40 дан ортик илмий мақолалар (4 та scopus, 10та халқаро журнал ва импакт фактор ва 26 та республика) чоп эттирган.

Айни пайтда ёш олим "Ацетилендан олинадиган маҳсулотлар технологияларини такомиллаштириш, мақбуллаштириш ва жараёнларни моделлаштириш" мавзусида илмий изланишлар олиб бориб, унга 2 та магистуратура мутахассислиги талабаларини ва иқтидорли талабаларни жалб этган.

Хатамов Shuxrat Omanovich
NavoiyAzot aksionerlik jamiyatida

Sh.O. Хатамова 1967 йил 22 iyunda Самарқанд вилояти, Паст-Дарғом туманида туғилган. 1993 yilda СамДУнинг Кимё факультетині тугатди. 1993 yilda mehnat faoliyatini Samarqand viloyatining Nurobod tumaniga qarashli 18-maktabda boshlagan. 1998 yildan buyon Navoiy azot sanaot ishlab chiqarish birlashmasining 7-11 sexida turli lavozimlarda, jumladan hozirgi kunda zam nachalnik vazifasida ishlab kelmoqda. Navoiy azot AJ mehnat faxriysi. Ҳозирги кунда 50 дан ортиқ sohaning yosh мутахассисларига murabbiylik qilib kelmoqda.

MIX
Papier aus verantwortungsvollen Quellen
Paper from responsible sources
FSC® C105338

Printed by Books on Demand GmbH, Norderstedt / Germany